# 顶尖风味
# 吐司面包｜全书

## THE BEST FLAVOR TOAST

面包职人
## 李宜融 —— 著

海峡出版发行集团｜福建科学技术出版社
THE STRAITS PUBLISHING & DISTRIBUTING GROUP｜FUJIAN SCIENCE & TECHNOLOGY PUBLISHING HOUSE

# 推荐序

宜融是一位对面包极富热忱与专业的师傅，在业界颇受大家认同，其创新、执着、专业的职人精神，让宜融师傅将对于烘焙面包的热情发挥得淋漓尽致，因而我邀请他加入美商维益公司担任烘焙技师。在公司各场大大小小讲习会他与业者进行烘焙技术交流时，对面包的投入程度、活泼饶富趣味的教学方式以及乐于分享经验与技术的态度，总是获得客户的好评。宜融师傅也屡次派往香港等地区协助公司做烘焙产品推广，进而把本地的面包烘焙技术发扬至远。

本书出版在即，我衷心地祝福宜融师傅，因为他的努力与执着得以通过本书与各位交流。同时，我相信这本精彩的作品将会给喜欢面包、烘焙与创新的读者带来惊喜与益处。

理奇食品公司东南亚部分区域 总经理

民以食为天我们没有忘，在食品安全问题层出不穷的情况下，我们开始注意饮食的品质与来源，使用本地特有的食材等严选材料。同时，传承真正的食物美味者就扮演了重要的角色，李师傅脚踏"食"地，用心了解食材与土地的故事，以善用产地的好食材为初衷，制作出更好的产品，并通过支持坚持土地友善的农友与理念相同的伙伴顾客而串联形成一个正向的生态，与土地、农民、消费者共生共好。非常感谢李师傅一路用心创新与支持本地农作，将最好的留给众人分享，也让我们不断自我提升与成长，彼此一起努力！

此书字不在多，用心出铭；文不在深，一看就行。开启这本书，让您看见真食物，和美味烘焙美好相遇。这是一本值得推荐的好书，与您分享。

川永有机农场 场长

深夜十一点多，教室里，钢盆中拌好的法国老面种默默发酵；炉上煮来浸泡橙片用的糖水微微翻腾；蛋液已被均匀地打成近似水状，等待着与其他材料结合；师傅专注着将洗好的香橙切成片状，分毫不差地，厚薄一致地，让片片金黄静静徜徉在暖暖糖水中。每份配方上总是清楚记写着食材的比例，精算着2%~5%的耗损，不做多余的浪费；步骤翔实，克数精准；配上四个计时器，分别为每一种产品、每一道手续计时。一丝不苟、严谨仔细的职人精神，这就是我所认识的李宜融师傅。

每个月总期待着老师到来！还记得第一口尝到似蛋糕般柔软的巧克力吐司的惊喜，还记得浓厚奶蛋香与蜜渍橙片相呼应的协调，不能忘的是佃煮酱汁与青酱激荡出的咸酥鸡般绝妙好味，少女心喷发、香软粉嫩不带土味的甜菜根手撕包，蜂蜜清香的面团与紫薯馅料完美搭配，桑椹与洛神不期而遇，紫米与桂圆相依相随，各类食材在师傅手中，看似任意搭配，却都是经过计算和巧思才形成美味，华丽而实在，平衡而协调。

李宜融师傅细腻的心，对各类食材的了解与运用，负责认真的态度，都呈现在他的行动与作品中！很高兴第一次提出课程邀约，便得到立即的回复，真的由衷感谢师傅不辞辛劳地愿意从台北来到台东进行教学，每个月一次的聚首，学员们总是欢笑连连、收获满满！我相信，阅读并试做这本书中内容的各位，也能收获尝到那精心计算过的美味！

台东暖厨烘焙教室

陈沒秀

细数与宜融相识至今也超过 30 个年头，从年少求学阶段到步入社会，用心及坚持是我对他一直以来的印象，在这充满食品安全问题的现今社会中，如何找寻令人安心的食物成为一大难题，加上家庭里多了小朋友后的食品安全更成为每位父母需要学习的必修课题，宜融巧妙运用天然食材让平凡面包变身为充满多元丰富的疗愈美食，每每吃到他的面包，扎实的口感、绵密的层次总是让人惊艳不已，小朋友吃完脸上洋溢幸福微笑曲线也代表着当父母的安心，更不禁深深佩服着他源源不绝对面包的创作能量。

花若盛开，蝴蝶自来，你若精彩，天自安排！宜融能够在现今竞争的烘焙业中占有一席之地并不令人意外。相信天道酬勤，秉持着"职人精神"认真做好每一份食物是坚持也是广大消费者的口福，只要用心即能感受到食物的幸福温度。给一样追求天然健康但又不想跟挑剔味蕾妥协的你，千万不要错过了！

Dr.Wells 牙医连锁 – 德科维联合科技股份有限公司　协理

許芳旗

自从 2017 年 4 月 30 日那天接触老师的面包课后，便深深庆幸自己能够在初学面包时认识宜融老师，撇开老师的幽默风趣不说，真正令我折服的是老师对面包制作过程的执着与信念，这样的态度拉高了我对面包成品的标准，希望制作出来的面包不仅仅是食物、食品，更是商品的层次。

学习面包制作仅有 1 年 3 个月的时间，对于许多烘焙前辈而言，我是一个到现在还会把吐司烤焦的初学者，除了上课以外，我和许多爱好烘焙的朋友一样，喜欢收集食谱自学练习。打开这本书仔细研读，你将亲自体会到，这是一本贴心又实用的工具书。

高雄市立新兴高中

趙筱屏

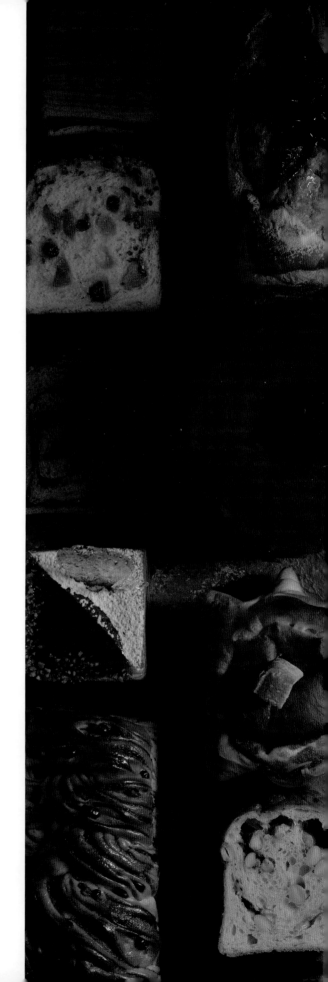

前言

# —— 享吃好食物 ——

您是那种，打开食谱书的时候，会越过前面几页，直接从目录产品开始进入到内页的产品图片，偶而才会回过头来翻翻前面那些知名同业的推荐，再翻阅衔接在后作者序的人吗？

谢谢各位耐心看到这里。我想跟此时正阅读这页的各位说，您们所看到的述说独白也是这本书的精神所在：很多读者问我为什么要把配方的 Knowhow（诀窍）也写进书里，这样不就像是把自己勤修苦练的招式精髓公诸于世？然而就我的认知，学习的路上没有最厉害的功夫，只有不断进步的功夫——不论是初学阶段还是已驾轻就熟的高手，希望走在烘焙梦想路上不同阶段的您，在每一次的阅读与学习中都能有一种又有所获的惊喜。

食品安全问题不断的同时，正提醒我们去思考，如何保留住本地好食材。

我在各地教课的同时也结识不少台湾在地用心的良农，我所认知的他们都非常执着地要将这片膏腴之壤所种植出来的好食物呈现给大家，哪怕有各种因素阻碍，依然努力在执行着良食信念。屏东川永农场徐荣铭场长在 30 多年前正值台湾槟榔价钱最好的时候，竟冒着被他阿爸打断脚骨的风险，鼓起勇气砍掉所有槟榔树，种起诺丽果树和台湾原生红藜麦及桑椹。宜兰沈高男先生因研究三星葱有机耕作而负债，但最后也克服了，现在也正在和大家分享他的成功经验。嘉义梅山林志霖先生坚持手工炒黑糖等，不胜枚举的用心良农都值得大家支持。

2017 年 4 月 20 日，我参加了仁瓶利夫师傅的讲习会，我问师傅从事面包职 40 年是如何做到的？师傅写了 4 个字送我："晴走雨烧"，勉励我要利用时间努力向上。从事面包职 27 年到现在，目前是研发技师并经营工作室的我，体认到制作新产品时除了要使用良好食材外，最重要就是好吃，对人体再好的食物若没有职人的巧手做出美味的食物，终究无法被广为接受，这也是让我对面包乐此不疲的主因。此书内容为个人在面包的职旅中的学习经验，相信每位职人、师傅、老师也都有其独特的经验，若我的经验有实用之处我会很开心，若有更好的经验也请互相指教成长，万分感谢。

借由这次难得机会，首先想感谢"膳书房文化"梁琼白社长，在 3 年前给予机会出版面包书；也因这样的机遇而有机会在"原水文化"重新出版发行。

再者，这本书能呈现给各位读者，要感谢理奇食品徐总经理的全力支持，亦师亦友的行销部陈怡婷经理，徐苑芝小姐 1500 公里的情义相挺，各大农场的好食物，与一直支持我的您们。接下来我还是会持续我的面包使命，学习应用良好的物料，学习经营良心的事业，呈现"享吃好食物"给大家。

李宜融

# 目录

## TOAST 4
### 高水量的活性发酵力量 | **液种法**

## TOAST 5
### 新旧面团混合的效力 | **法国老面**

## TOAST 6
### 层叠交融的温润质地 | **裹油折叠**

TOAST

本书吐司的
# 特色

面包的美味，来自于对食材的坚持，
与对面团恰到好处的揉捏掌控；
味道、口感的最终实现由品尝者决定，
口感风味的细节追求，为本书专注穷究的目标。

## 1 简单模型烘烤，手撕分享的美味乐趣

经典的四方吐司外观与吐司边的形成，都因吐司烤模使然。书中尽管只以最常见的吐司模型制作，但是为了不同口感的特色营造，而有各式的成形手法，因此，即便统称为吐司，却非是一成不变的模样。多种类、多口感，加上一定的形体特征，无论切片、手撕，作为餐桌的主食解饥填饱，或作为与人分享的点心，都是能吃得开心的美味。

## 2 结合地方食材，风味百变的超凡魅力

材料的调配和制作决定了面包的口感。简单用料能呈现吐司朴质的香气与甜味，若再搭配其他食材，以不同手法揉入配料、包覆内馅，就有不同深度的滋味。从谷物、杂粮到根茎、蔬果的完美运用，不只有纯谷物香气的展现，还有奢华口感的有馅诠释，单吃简单美味，若再搭配变化吃法，真的是美味变化无极限。

## 3 搭配面种酿酵，各式口感风味应有尽有

配合吐司种类的不同，分别以适合的工法引出该有的风味。从直接法到裹油折叠，结合特色发酵种，法国老面、液种、鲁邦种、汤种等，借由长时间发酵，酝酿出独特的风味香气；尽管制程费工耗时，但酿酵成的深厚风味香气却充满迷人魅力，这也是造就面包丰饶香气的美味秘密。

## 4 学会基本工法，挑战独到风味变化

好吃的面包能让人感受其中的香气风味。除了基本做法外，通过配料、工法的结合运用，就能衍生出各式独特风味。就算相同的面团，改变配料或成型方式，也能变化成风貌截然不同的吐司面包。因此，熟练掌握基本制作后，大可勇于各式造型、风味的变化尝试，做出自有特色的面包风味。

# 寻味
# 宝岛台湾

台湾宝岛，这块土地孕育丰富多样的物产，
有着成片如浪的红藜、小米，以及各地的洛神、
凤梨、芒果等农作物……

通过职人深入产地的探访，
以真情心意为原点，循由土地为美味坐标，
结合自制、发酵，引出美好风味，
重新诠释出带有浓厚当地气息的独到美味……

糅合当地丰饶滋味的美味延续，
带您体会土地上的人情物意，品尝感受绝美魅力。

编者注：
本书作者是台湾籍人士，所以对台湾物产有深入了解。
各位读者也可以挖掘自己本地的特色食材，或者利用物
流网络选择多样食材，用到自己的吐司中。

芒果干／台南·祯果果物
吃得到台南阳光的日晒味道

草莓干／台南·祯果果物
完整封存草莓果实甘味馨香

地瓜／台南·瓜瓜园
绵密香甜，田园里的金黄『薯』光

凤梨干／台南·祯果果物
封存真实原味果香的天然甘酸

桑椹酒
香甜微果酸香气典雅微醺

凤梨酒
纯粹果香酸甜平衡滑顺香甜

草莓酒
果香酒的香醇结合果香回韵

南瓜／高雄·阿成南瓜
金黄香甜的土种仔金瓜

三星葱／宜兰·沈高男
葱中极品的三星青葱好味

蜜渍洛神／台东·麦之田
洛葵糖蜜交融出的酸甜滋味

番茄／彰化·富良田
良田沃土的茄红果实鲜美自然

姜母黑糖／嘉义·瑞泰
慢火提炼，深山里的黑糖砖

洛神粉／屏东·川永
萃取自洛神葵花青素

桑椹干／屏东·川永
补益的上品圣果，黑钻桑椹

桑椹粉／屏东·川永
保留桑椹丰富营养素

蝶豆花／屏东·川永
漾出蓝豆梦幻的青花色泽

毛豆／屏东·永升
扬名国际，当地毛豆的绿金奇迹

藜麦／屏东·川永
谷物之母，营养满点藜麦黄金

红藜粉／屏东·川永
红藜，谷类中的红宝石

红豆／屏东·万丹
红豆之乡的大地红宝石

蜂蜜／高雄·佰九
来自大地恩赐的液体黄金

# 吐司面包制作的
## 基本食材

面包的材料简单，面粉、酵母、水、
盐为面包制作的 4 大基本材料，
另外再加上其他添加材料，
则能赋予面包不同的口感和风味，
若能了解各种材料的作用特性，
就更能享受手作面包的乐趣。

# 基 本 材 料

 **FLOUR**

面粉加水搓揉后能让所含的蛋白质形成面筋，产生软黏的弹性。其中制作筋性强韧的吐司面包，又以蛋白质含量丰富、可产生较多麸质的高筋面粉最为适合，但依面包种类的不同，也会搭配不同的面粉使用。您若使用和图中标示不同种类的面粉，可能会因蛋白质的含量不同，让面团出筋程度有差异。若无法使用相同的面粉，可了解其他面粉的蛋白质、灰分含量比，挑选成分最接近的面粉使用。

※ 选购不同品牌面粉时，可参考蛋白质、灰分的含量。

**本书使用的面粉种类**

**鸟越法国面包专用粉**
蛋白质 11.9%、灰分 0.44%

**昭和 CDC 法国面包专用粉**
蛋白质 11.3%、灰分 0.42%

**昭和先锋高筋面粉**
蛋白质 14%、灰分 0.42%

**高筋面粉**
蛋白质 12.6%~13.9%、
灰分 0.48%~0.52%

**奥本惠法国面包专用粉**
蛋白质 11.7%、灰分 0.42%

**昭和霓虹吐司专用粉**
蛋白质 11.9%、灰粉 0.38%

**低筋面粉**
蛋白质 7.5%~8.6%、
灰分 0.40%~0.43%

**日清哥雷特高筋面粉**
蛋白质 12.2%~13.2%、
灰分 0.40%~0.46%

**台湾小麦风味粉**
蛋白质 12%~13.5%、灰分 0.62 以下

**日清裸麦全粒粉（细）**
蛋白质 8.4%、灰分 1.50%

## 水 WATER

面粉中加入水能揉成面团，基本上所使用的是一般的水（建议使用中等程度软水，1升水含有 100~200mg 总硬度）。但因一般用水的温度会随季节变化而影响面团的发酵状态，因此要注意水温的控制。

## 酵母 YEAST

让面团发酵膨胀的重要材料。酵母的种类依水分含量的多寡，又分为新鲜酵母、速溶干酵母与干酵母。适量添加酵母，可助于发酵膨胀，使面团蓬松有弹性，并可提出面粉风味及加入面团食材特色。使用的酵母种类和对面粉比例的多寡足以影响发酵过程、组织结构、风味变化、烤焙膨胀、咀嚼口感，以上因素在设计产品有时都须经测试才能确定。

※ 有高糖、低糖干酵母的分别，可根据糖对面粉比例及发酵时间来使用，糖对面粉比例 8% 以上时使用高糖干酵母，8% 以下则使用低糖干酵母。

## 盐 SALT

除了能添加面团的滋味外，也有助于抑制酵母过度发酵，调节发酵速度，收紧面团的麸质，让筋性变得强韧。本书使用具有甘味的岩盐，也可以选用海盐或食用精盐，可制作出不同风味的面包。

# 必 备 材 料

## 糖 SUGAR

可增加甜味以外，还能促进酵母发酵，以及让面包的口感变得湿润。面包金黄外皮的色泽、香气也是砂糖高温加热后产生的作用。书中若没特别标示，多半都是使用细砂糖。

## 麦芽精 MALT EXTRACT

由大麦芽萃取而成的精华，麦芽精是酵母的食物，可活化酵母，促进发酵，并有助于烘烤后色泽与风味的形成。

## 蛋 EGG

加入面团中可让面团保有水分，增进面团的蓬松度、风味香气。相对于蛋黄的柔软香浓作用，加入蛋白的则会变得较干松，所以基本上除特别的需要，几乎都是用全蛋或蛋黄。

## 黄油 BUTTER

天然黄油可让面团更富延展性，有助于烤焙后的膨胀，也具有乳化作用，让完成的面包质地细致柔软。因属固态油质，在搅拌入面团后会完整包覆面粉所吸收的水分，可延缓面包老化。不同黄油产品对面粉的添加比例不同，须调整加入面团的顺序和量，才可达到最佳的效果。

## 片状黄油 BUTTER SHEET

作为折叠面团的裹入油使用，可让面团容易伸展、整形，使烘焙出的面包能维持蓬松的状态。不同品牌的片状黄油各具有不同的风味和熔点，可依照个人产品设定而做选择。

## 鲜奶 MILK

香浓醇厚的乳制品添加于面团中，可为面团带出柔软地质，也可让烘烤后的面包色泽均匀丰富。

## 植物性淡奶油 FRESH CREAM

其成分中的干酪素钠（牛奶衍生物）可使面粉中的蛋白质结合性更佳，所以对增强面团保水性、延缓面包老化有显著效果。

## 动物性淡奶油 FRESH CREAM

乳源富含酪蛋白，因此更具天然乳脂风味。书中若没特别标示，都是使用乳脂肪 35%的产品。

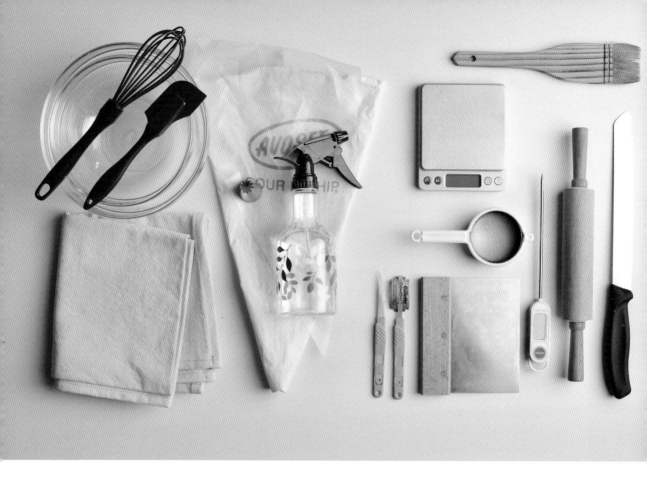

# 基本制作的
# 烘焙器具

面包制作有其必备的工具，
除了烤箱、量秤之外，
若能备齐其他的基本用具，
可让后续流程更加顺畅进行。

❶ **烤箱** ｜专用大型烤箱，可设定上下火的温度，也能注入蒸汽。另外也有气阀，可在烘焙过程中排出蒸汽、调节温度。

❷ **搅拌机** ｜本书使用的是直立式搅拌机，建议搭配浆状搅拌器搅拌。相较于勾状搅拌器的甩拌，浆状可更均匀地完成搅拌，让面筋成形、面团终温趋于稳定平衡；而钩状搅拌器的甩拌，则易使面团的温度因与搅拌缸的摩擦而升高，如此面团终温也较不易控制。

❸ **发酵箱** ｜可设定适合面团发酵的温度及湿度条件。能配合各种不同的面团类型进行设定。

❹ **电子磅秤** ｜可精准测量材料的重量，以精度至1g的电子秤较佳。

❺ **搅拌盆** ｜混合材料、发酵面团，以及隔水加热时常用的容器，最常使用不锈钢材质。

❻ **擀面棍** ｜用于擀压延展面团或释放面团气体、整形操作。可配合用途选择适合的大小。

❼ **切面刀、刮板** ｜用以切拌混合、整理分割，或充当刮匙将沾黏台面上的面团刮起整合。

❽ **pH 酸碱度计** ｜用来量测面团、酵母的酸碱度，如本书中的

**模型共通原则**｜本书中所使用的吐司模皆为特氟龙加工制品，皆有防沾特性，除非有特别标示，否则无需再喷烤盘油。模具使用烤盘油易残留油渍，长年累积会使烤出的面包带有油耗味。

鲁邦种就有用到。

**❾ 发酵帆布**｜在松弛和最后发酵时使用，可避免面团互相沾黏变形、干燥。

**❿ 烤焙布**｜适合高温烘烤的专用烘烤布，可避免面团沾黏或烤焦。清洗后可重复使用。

**⓫ 橡皮刮刀**｜搅拌混合，或刮取残留容器内的材料减少损耗，以弹性高、耐热性佳的材质较好。

**⓬ 网筛**｜过筛颗粒杂质、筛匀粉末。小尺寸的滤网可用于最后阶段表面的筛洒装饰。

**⓭ 割纹刀**｜割划表面刀纹的专用刀。薄且锐利可刻划出漂亮的割痕。

**⓮ 锯齿刀**｜刀面呈锯齿状的专用刀，适合用来切制面包，会比较好操作，切得较漂亮；一般刀子易损伤面包的质地。

**⓯ 挤花袋、花嘴**｜挤花袋需与花嘴并用，可用在挤制面糊，或填挤内馅。

**⓰ 喷雾器**｜在面团表面喷上细雾状的水，可防止面团表面过度干燥。

**⓱ 塑料袋**｜调整温度时可将面团放入，或覆盖在面团上防止水分的流失。

**⓲ 毛刷**｜可用来沾取蛋液涂刷面团表面。

**⓳ 温度计**｜温度的控制相当重要，对于水温、煮酱温度，以及面团揉和、静置发酵的温度等，有温度计方便准确掌控。

# 吐司面包制作的彻底剖析

面团的状态会随着季节及环境而有所变动，
依循基本的制作原则，多方尝试，手作出最佳的面团状态。

## 配方比例计算

实际百分比是将材料的总重量视为100%，而烘焙配方中的烘焙比例（%），是以使用粉类（面粉、法国粉、裸麦粉）合计的总重量为100%，再计算出其他材料的重量比例。

书中在各食谱的材料中，同时标示实际所需的重量以及烘焙百分比。且面粉用量是适合家庭操作的。若想要改变面团的分量大小时，依照烘焙比例计算面粉和其他材料的重量，即可算出配方用量。

| 范例 | 材料 | 重量 | 比例 |
|---|---|---|---|
| | 高筋面粉 | 160g | 40% |
| | 小麦风味粉 | 240g | 60% |
| | 细砂糖 | 40g | 10% |
| | 盐 | 7g | 1.8% |
| | 麦芽精 | 0.8g | 0.2% |
| | 蛋 | 60g | 15% |
| | 鲜奶 | 60g | 15% |
| | 高糖干酵母 | 4g | 1% |
| | 水 | 200g | 50% |
| | 无盐黄油 | 20g | 5% |
| | 酒渍葡萄干 | 160g | 40% |
| | 合计 | 951g | 238% |

## A. 烘焙百分比计算

▶ 预定成品数量 × 分割后单个面团重量＝所需面团总重量

▶ 所需面团总重量克数 ÷ 配方百分比数值的总和＝每项食材所需倍数

▶ 每项食材的倍数＋损耗 0.2 到 0.25 ＝实际每项食材所需倍数

▶ 配方各项食材百分比数值 × 实际每项食材所需倍数＝每项食材所需的重量克数（小数无条件进位）

以一个直接法面包配方为例，具体配方如上所示，制作吐司 3 条，每条 300g，则可求得：

**预定成品数量 × 分割后单个面团重量＝所需面团总重量**
即为 3 条 ×300g/ 条＝900g

**所需面团总重量克数 ÷ 配方百分比数值的总和＝每项食材所需倍数**
即为 900÷238 ＝ 3.78

**每项食材的倍数＋损耗 0.2 到 0.25 ＝实际每项食材所需倍数**
即为 3.78＋0.2 ＝ 3.98

**配方各项食材百分比数值 × 实际每项食材所需倍数＝每项食材所需的重量克数**
如高筋面粉克数即为 $40 \times 3.98 \approx 160$

## B. 实际百分比计算

▶ 预定成品数量 × 配方中单个产品所需重量=所需总重量

▶ 所需总重量 × 损耗 1.06 到 1.07 =实际所需总重量

▶ 实际所需总重量 × 配方中各食材百分比=每项食材所需重量

### 范例

| 材料 | | 重量 | 比例 |
|---|---|---|---|
| A | 蛋黄 | 180g | 18.84% |
| | 沙拉油 | 45g | 4.7% |
| | 鲜奶 | 165g | 17.27% |
| | 低筋面粉 | 113g | 11.78% |
| | 法芙娜可可粉 | 45g | 4.7% |
| B | 蛋白 | 270g | 28.26% |
| | 细砂糖 | 135g | 14.13% |
| | 柠檬汁 | 3g | 0.32% |
| 合计 | | 956g | 100% |

以烘烤巧克力蛋糕为例,具体配方如上所示,制作蛋糕 5 个,每个 180g,则可求得:

**预定成品数量 × 配方中单个产品所需重量 = 所需总重量**

即为 5 个 ×180g/ 个 =900g

**所需总重量 × 损耗 1.06 到 1.07= 实际所需总重量**

即为 900g×1.06=954g

**实际所需总重量 × 配方中各食材百分比 = 每项食材所需重量**

蛋黄即为 954g× 18.84% =180g

柠檬汁即为 954g×0.32% =3g

**% 计算直接按计算机上的"%"即可**

\* 计算出每项食材用量遇小数无条件进位,所以重量的加总会比所需总重量再多 1~3g。

## 面糊的比重

以使用相同容器的重量(任何大小的容器皆可),求出容器装满水(最大张力),与容器装满面糊(最大张力)的个别净重后,用面糊的净重除以水的净重,即为水与面糊的比重,即为"面糊比重"。比重数值有助于较准确地掌握面团质地,确保品质。

**面糊比重 = 相同容积的面糊重 ÷ 相同容积的水重**

以容器重量 50g 为例,

装满水总重量若为 115g,水的净重即 115g-50g = 65g

用相同容器装满面糊总重量若为 122g,面糊的净重即 122g — 50g = 72g

以面糊的净重 ÷ 水的净重,面糊比重即 72÷65 = 1.1

水的重量 65g　　　　卡士达面糊的重量 72g

## 搅拌混合

面团材料经过搅拌搓揉后,面粉内的蛋白质会起结合作用,形成富黏性和弹性,一般称之为"面筋"的网状组织。而面筋的组织状态则影响面包的成果,这也是为什么揉好面团后,需要拉开其中一小块做状态确认的原因。

不论是弹牙有嚼劲,还是柔软,搅拌时都必须就面包种类来调整麸质筋性,以适合的方式搅拌面团至适合的状态阶段。基本上，高糖油类型，以柔软、膨松口感为特色，而为达到膨胀松软，搅拌时会以快速较长时间搅拌，至面筋网状结构富弹性的完全状态。低糖油类型，为保留其扎实的口感和风味，搅拌则多以低速，搅打至面筋不会过度形成的状态。

### 第 1 阶段 │ 混合材料

→面团沾黏，用手拉很容易就可扯断。

将各种材料（油脂类除外）均匀分散放入搅拌缸内搅拌混合。面团表面粗糙沾黏，不具弹力及伸展性，拉扯容易断。

### 第 2 阶段 │ 拾起阶段

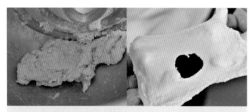

→用手拉起可见形成面筋，开始产生弹力。

粉类完全吸收水分成团，沾黏状态消失。面筋组织开始形成，且渐渐开始产生弹力。

### 第 3 阶段 │ 面团卷起

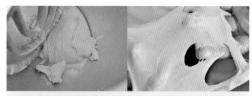

→用手拉开时面团具有筋性而不易拉断，具弹力及伸展性。
→黄油会影响面团的吸水性与面筋的扩展，所以须等面筋的网状结构形成后再加入。

面团材料完全混合均匀、成团，面筋组织已完成相当程度，可看出面筋具弹力及伸展性。

### 第 4 阶段 │ 面筋扩展

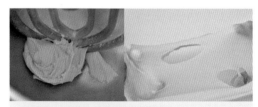

→撑开面团可形成稍透明的薄膜。

搅拌至油脂与面团完成融合，油脂完全分散并包覆面筋组织。面团柔软有光泽、有弹性，用手撑开面团会形成不透光的薄膜，破裂口处会呈现出不平整、不规则的锯齿状。

### 第 5 阶段 │ 完全扩展

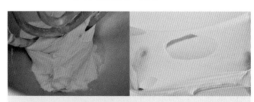

→撑开面团轻轻延展，呈现大片可透视的薄膜（适用细致、富筋性的吐司面包）。

面团完成。此时的面团柔软光滑，具良好弹性及延展性，用手撑开面团会形成光滑有弹性、可透视的薄膜，且破裂口处平整无锯齿状。

搅拌完成时面团的温度（搅拌终温）与水温、室温、粉温有很大的关系，这些因素随着季节也有所变化。基本上是通过控制材料的温度来调整搅拌终温，像是将粉类放在冰箱冷藏降温，使用常温的水来搅拌；或者是将粉类放置常温下，使用冰水或冷水来调节。另外，若长时间搅拌，或室温过高，则无法仅通过水温控制，这时也可以加冰块冷却，或在环境很冷时温热搅拌盆，辅助进行调整。

## 所需总液体温的计算式

水、蛋、牛奶、淡奶油……所有液态食材一起称量，并控制在这个温度。

夏天（室温 24℃ ~30℃）
→ 55℃ —（面粉温 + 室温）=总液体温

冬天（室温 16℃ ~23℃）
→ 70℃ —（面粉温 + 室温）=总液体温

例如，室温 26℃
→ 55℃ —（面粉温 25℃ + 室温 26℃）=总液体温 4℃

## 酵母的使用方法

书中的面团配方分量少，对酵母采取先入水溶解（比例约 1：5）的方式来加入搅拌；若制作份量较大，则直接将酵母投入搅拌即可。

## 面团的状态确认

面团的状态，是确定搅拌速度或判断搅拌完成的重要标准，所以搅拌过程中须确认面团的出筋状态，作适当的调整。确认时不能只是单纯拉长面团，而是要用双手小幅度移动向外延展。

判断每阶段面团筋膜状态时，最好先将搅拌速度降低搅拌约 10 秒以缓冲筋度后，再延展面团判断会较准确。

## 面团状态的确认方法

1. 取部分面团。利用指腹慢慢拉开面团，由中心朝两边外侧（如图示方向）延展撑开，拉薄面团。

2. 结合指腹的可见程度（薄膜的厚度）、拉破薄膜时的力道（面团结合的强度）、拉破薄膜时边缘的光滑程度（面团结合的程度）加以判断，确认面团的揉和状态。

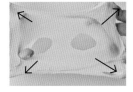

## 搅拌后的面团整合

搅拌完成的面团，为提高含气能力，须在表面紧实地整合在一起后再进行发酵。由于书中面团的份量不多，整理至表面光滑具弹性的状态即可。建议配方中总液体量达 70% 以上的面团整成光滑圆球状，放在平面器皿中，发酵过程中会摊开属正常现象，经由翻面折叠其面团肌理则会挺立；配方中总液体量在 70% 以下的面团整成平均厚度，才不会在发酵时因受温不平均而造成面团内外发酵状态有落差，且翻面折叠时较好操作。

## 整合面团的方法

总液体量达 70% 以上的面团整成光滑圆球状。

总液体量在 70% 以下的面团整成光滑均厚状。

## 面团发酵＆翻面

酵母在面团里以糖分为营养，分解产生二氧化碳气体，气体进入麸质的网状组织就促使面团膨胀。在面团发酵过程中，除产生二氧化碳之外，也会生成乙醇与其他的有机酸等化合物，这也是孕育面包独特香气风味的所在。

恰到好处的发酵环境，温度大约在 28~32℃，空气相对湿度在 75%~85%，但在气候变化较大的季节，发酵的速度会有所差异，必须观察面团发酵情况施加调整。在面团发酵或松弛的过程中，都要特别注意避免表皮变干，要保持其湿润的状态。因此，在面团发酵时会在表面覆盖保鲜膜或塑料袋，来避免水分的流失；反之，若面团湿到会冒出水滴，就得适度让水气发散。

## 基本发酵

利用手指来确认面团发酵的状态：将沾有高筋面粉（或少许水）的手指轻轻从面团下方侧边处戳入，拔出手指后若凹洞没有闭合，即表示发酵完成；若凹洞回缩，则表示发酵不足。

适度发酵

- **适度发酵：** 手指戳下的凹洞大小几乎无明显变化，凹洞形状维持，周围呈现饱满膨胀的状态
- **发酵不足：** 手指戳下的凹洞立刻回缩，面团恢复呈平面状。
- **过度发酵：** 手指戳下的凹洞会变大，面团周围会塌陷，毫无回缩。

## 由盛装器皿中取出

将发酵面团从盛装器皿中取出时，为避免因重力挤压对面团造成松紧度不平均，可将烤盘倒扣至几近贴近台面的倾斜角度，利用面团本身的重量，让面团自然剥离而取下。

### 取出面团的方法

将盛装器皿倒扣、贴近台面，利用面团本身的重量，使其自然剥离下落。

## 过程中翻面

翻面即压平排气，是指将一次发酵后的面团压拍平，排出气体，再进行折叠的作业。但并非所有面包都要有这道手续，主要是就熟成缓慢，或要有饱满体积和湿润口感的面包类型，才需要确实做好排气操作。将面团施以压拍，除了为了释放气体之外，还要使面团内气体分布得均匀，以达到"温度平均""再度产气""促进发酵""强化面筋"的目的——让面团的温度达到均衡，使发酵稳定进行，并让面筋张力提升，让面团质地更加细致，弹性变得更好。

### 翻面的方法

①从面团中心往外均匀轻拍排出。　②将面团一侧向中间折叠至1/3处。

③再将面团另一侧向中间折叠至1/3处。　④再从内侧朝外折叠至1/3处。

⑤再朝外折叠，成3折。　⑥使折叠收合的部分朝下，整合平均。

## 面团的整形

将发酵完成的面团整合成各式各样的形态。因为吐司是装在模型中加以烘烤的，配合烤模的形状，面团的整形以圆形、椭圆形、长条状、编辫等最为常见。但不论以何种方式呈现，首当应以烘烤完成时面包的风味及口感为考量，再决定整形的方式。

## 烘烤＆转向

每种烤箱的火力强度不尽相同，建议先以标示的温度为基准，再就自家烤箱调整出最适合的温度。而因形状、重量、数量，以及面团种类的差异，烘焙的时间、温度也会随之改变。因此在烘烤过程中要观察确认面包的状态，适时调整温度。除了特殊情况外，不带盖吐司烘烤条件通常在温度180~240℃、时间25~60分钟；带盖吐司烘烤条件通常在温度200℃上下、时间20~50分钟，在以上范围内可烘烤完成。

火力强度不同，影响受热状态，为了使烘烤成品受热上色均匀，在烘烤过程的后半段，可将模型转向，或借由转动烤盘来转向。不过要注意的是必须等面团完全膨胀，表面开始上色时才能做转向移动。为了避免上层烤焦或上色过深，也可在烘烤到一半时，覆盖烤焙纸进行隔热。

### 入炉烘烤

· 烤箱内不放层架，贴炉烘烤。
· 放入烤箱时，模型间的距离要大于模型的宽度，这样侧面也会受热均匀。
· 烘烤中途、面团表面开始上色后，将模型调整位置再烘烤，避免烤不均匀。

## 出炉＆脱模

以模型烘烤的吐司面包，出炉后应连同烤模重敲，以震出面包中的空气，释出部分的水蒸气，再脱模移至冷却架上散热放凉，此操作有助于安定表层外皮及内侧柔软组织的状态，可防止吐司侧面往内凹陷；若直接放置在模型内放凉，则会因面包内部的水气无法蒸发释出，致使水气渗入表层外皮，就会有弯折、下塌情形。

▶ 烘烤完成，立即脱模，倒扣待冷却。
▶ 发酵过度、烘烤不足、出炉后未及时脱模，都很容易导致"缩腰"。

## 美味的保存

自制面包放了一段时间后就会自然老化、干燥变硬，因此越快食用完毕越好。吐司等配方单纯的面包，若一次吃不完，装入塑料袋内，常温下可保存2~3天，但遇温度高的夏季较容易变质，要注意。想要放冰箱时，可密封好，放冷冻柜保存，但也要尽早在1~2周内食用完毕。

### 切吐司有窍门

刚出炉的吐司含有大量的水气，柔软不容易分切，建议放凉后再从侧面划刀分切，才能切得漂亮，也较能够保持湿润的口感。切面包时，最好选用带有锯齿的面包刀，凹凸状的刀刃较容易分切面包。

### 美味保存有撇步

副材料较少、配方简单的吐司面包皆可冷冻保存。解冻后，喷点水雾，用烤箱回烤后就可以食用；或者使用电锅，外锅不加水（干锅状态），在锅底铺上餐巾纸，放上面包直接烘烤。

# 特制的各式风味用料

## 卡士达馅

| 材料 | | 重量 | 比例 |
|---|---|---|---|
| A | 鲜奶 | 152g | 55.3% |
| | 动物性淡奶油 | 32g | 11.7% |
| | 香草荚 | 1g | 1/5 支 |
| B | 全蛋 | 34g | 12.4% |
| | 细砂糖 | 37g | 13.4% |
| | 低筋面粉 | 17g | 6% |
| | 玉米粉 | 4g | 1.2% |
| 合计 | | 278g | 100% |

### 做法

1 香草荚横剖，刮取香草籽，连同Ⓐ中其他材料加热煮至75℃。

2 材料Ⓑ混合拌匀，倒入做法❶中。

3

边拌边回煮至沸腾起泡、呈浓稠状（比重※1.08～1.1），离火，待冷却，覆盖保鲜膜（煮好剩250g±3g）。

※ 比重即与同体积水的重量比。

## 巧克力镜面

| 材料 | 重量 | 比例 |
|---|---|---|
| 水 | 58g | 28.6% |
| 细砂糖 A | 35g | 17.2% |
| 可可粉 | 24g | 11.7% |
| 细砂糖 B | 35g | 17.2% |
| 动物性淡奶油 | 48g | 23.8% |
| 吉利丁片 | 3g | 1.5% |
| 合计 | 203g | 100% |

### 做法

1 可可粉过筛，与细砂糖Ⓑ混合拌匀；水、细砂糖Ⓐ混合后煮沸，加入前面混合物中。

2 轻混拌匀至无颗粒，小火回煮并轻拌。

3

淡奶油加热至约80℃，倒入做法❷中拌匀，以小火拌煮至100℃，离火。

4 待降温至50℃，加入已软化的吉利丁，拌至完全融化。过筛（或均质），放凉至30~35℃使用。

## 南瓜馅

| 材料 | 重量 | 比例 |
|---|---|---|
| 南瓜（切片烤熟） | 146g | 73.15% |
| 细砂糖 | 18g | 8.95% |
| 奶粉 | 18g | 8.95% |
| 水 | 18g | 8.95% |
| 合计 | 200g | 100% |

### 做法

1

南瓜洗净去瓜瓤，切薄片，烤至金黄（或蒸熟）。

2

将烤熟的南瓜趁热捣压成泥状，加入其他材料混合拌匀。

# 焦糖酱

| 材料 | 重量 | 比例 |
|---|---|---|
| 水 | 7g | 3.23% |
| 细砂糖 | 129g | 64.5% |
| 动物性淡奶油 | 65g | 32.3% |
| 合计 | 201g | 100% |

**做法**

锅中先倒入水，再加入细砂糖，加热煮至焦糖状，慢慢加入淡奶油拌匀即可。

# 美乃滋

| 材料 | 重量 | 比例 |
|---|---|---|
| 全蛋 | 24g | 11.8% |
| 细砂糖 | 16g | 7.83% |
| 盐 | 2g | 0.83% |
| 稻米油 | 147g | 73.7% |
| 鲜奶 | 6g | 2.8% |
| 白醋 | 4g | 2% |
| 柠檬汁 | 2g | 1% |
| 合计 | 201g | 100% |

**做法**

蛋、糖搅拌打发至约有原来的2倍大；分次缓慢加稻米油，搅拌至完全乳化融合；再加入其余材料搅拌混合均匀。

# 萨诺趣酱

| 材料 | 重量 | 比例 |
|---|---|---|
| 番茄酱 | 63g | 41.9% |
| 蒜泥 | 25g | 16.8% |
| 水 | 8g | 5.24% |
| 细砂糖 | 16g | 10.8% |
| 甜辣酱 | 32g | 21.0% |
| 黑胡椒 | 2g | 1.5% |
| 白芝麻（烤过） | 5g | 3.14% |
| 合计 | 151g | 100% |

**做法**

将所有材料混合搅打至均匀即可。

---

# 装饰酥粒

| 材料 | 重量 | 比例 |
|---|---|---|
| 无盐黄油 | 70g | 20% |
| 黄砂糖 | 88g | 25% |
| 柠檬皮 | 1/3 个 | |
| 杏仁粉 | 18g | 5% |
| 低筋面粉 | 140g | 40% |
| 杏仁角 | 35g | 10% |
| 合计 | 351g | 100% |

**做法**

将无盐黄油搅打至八分发，加入黄砂糖、柠檬皮拌匀，加入混合过筛的杏仁粉、低筋面粉拌匀，加入稍烤熟的杏仁角拌成颗粒状，入烤箱以上/下火150℃烘烤，每10分钟翻拌一次，烤约40分钟，待凉，冷冻备用。

# TOAST 1

充分引出原有风味

# 直接法

将所有材料一次直接搅拌再发酵的制作方式,
能简单萃取出材料的原有风味。
由于程序直接、单纯,因此对面团有相当大的影响,
堪称锻炼技术的制法,适合副材料少、口味单纯的面包制作。
与中种法相较,缺点就是成品老化的速度较快。

# 柠檬菌液

| 材料 | 重量 | 比例 |
|---|---|---|
| 矿泉水（28℃） | 118g | 59% |
| 细砂糖 | 7g | 3.5% |
| 蜂蜜 | 7g | 3.5% |
| 柠檬片 | 68g | 34% |
| 合计 | 200g | 100% |

**做法**

1

矿泉水、细砂糖、蜂蜜搅拌溶解，加入柠檬片混合。

2

密封或盖紧瓶盖，放置室温（28~30℃）下发酵。

3

每天先轻摇晃瓶子加以混合，再打开瓶盖释出瓶内的气体，接着再盖紧，放置室温下发酵，重复操作约6天。

## 发酵过程状态

4

发酵第1天。

5

第2天。

6

第3天。

7

第4—5天。

8

第6天。重复操作5~7天后，柠檬片因吸水膨胀会往上浮起，表面会冒出许多小泡泡，带有水果酒般的发酵香气。

9

第7天。完成柠檬菌液！用网筛滤掉柠檬片，将菌液滤取出即可使用。（未用的密封好冷藏约可放1个月）

# A1

# 柠檬酵种

| 材料 | 重量 | 比例 |
|---|---|---|
| 鸟越法国面包专用粉 | 123g | 30% |
| 麦芽精 | 0.8g | 0.2% |
| 柠檬菌液 | 86g | 21% |
| 合计 | 209.8g | 51.2% |

**做法**

❶将所有材料慢速搅拌至拾起阶段。

❷再转中速搅拌至面团光滑状（搅拌终温28℃）。

❸室温发酵180分钟，再低温（5℃）冷藏发酵16~24小时。

# B

## 鲁邦种

### 第 1 天

| 材料 | 重量 |
| --- | --- |
| 裸麦粉 | 50g |
| 饮用水（40℃） | 60g |
| 麦芽精 | 2g |
| 合计 | 112g |

**做法**

1

水、麦芽精先混匀，加入裸麦粉，搅拌至无粉粒，待表面平滑，覆盖保鲜膜，在室内（温度 25~30℃ / 湿度 60%~70%）静置发酵 24 小时。

**第 1 天发酵液种**

### 第 2 天

| 材料 | 重量 |
| --- | --- |
| 第 1 天发酵液种 | 110g |
| 高筋面粉 | 110g |
| 饮用水（40℃） | 110g |
| 合计 | 330g |

**做法**

1

将第 1 天发酵液种加入其他材料，混合搅拌均匀。

2

待表面平滑，覆盖保鲜膜，在室内（温度 25~30℃ / 湿度 60%~70%）静置发酵 24 小时。

**第 2 天发酵液种**

### 第 3 天

| 材料 | 重量 |
| --- | --- |
| 第 2 天发酵液种 | 330g |
| 高筋面粉 | 330g |
| 饮用水（40℃） | 330g |
| 合计 | 990g |

**做法**

1

将第 2 天发酵液种加入其他材料，混合搅拌均匀。

2

待表面平滑，覆盖保鲜膜，在室内（温度 25~30℃ / 湿度 60%~70%）静置发酵 24 小时。

**第 3 天发酵液种**

| | AM9:00 |
|---|---|
| **第 4 天** | |

| 材料 | 重量 |
|---|---|
| 第 3 天发酵液种 | 990g |
| 高筋面粉 | 990g |
| 饮用水（40℃） | 990g |
| 合计 | 2970g |

**做法**

1

将第 3 天发酵液种加入其他材料，混合搅拌均匀。

2

待表面平滑，覆盖保鲜膜，在室内（温度 25~30℃ / 湿度 60%~70 %）静置发酵 8 小时，再移至常温冰箱（15℃）发酵 16 小时，即完成鲁邦初种。隔天即可使用，并续种。

**第 4 天鲁邦初种**

| | AM9:00 |
|---|---|
| **第 5 天** | |

| 材料 | 重量 |
|---|---|
| 第 4 天发酵液种 | 200g |
| 法国面包专用粉 | 400g |
| 饮用水（35℃） | 460g |
| 麦芽精 | 1g |
| 合计 | 1061g |

**做法**

1

发酵液种在第 5 天可以使用了。如未用完，可续种保存。

续种时，加入其他材料混合拌匀。

2

待表面平滑，覆盖保鲜膜，在室内（温度 25~30℃ / 湿度 60%~70 %）静置发酵 4 小时，移至常温冰箱（15℃）发酵 20 小时。

3

**Day5**

此后每 2 天持续上述的续种操作。

* 第 5 天即可开始使用。
* 若未用完，可利用第 5 天配方续养，并在以后每 2 天续养一次。

**TIPS**

建议使用酸碱测试笔精准测量酸碱值，pH 在 3.8~4.2 时，最适合乳酸菌的生长。

# 高水量甘美葡萄

## SOFT RAISIN BREAD

**材料** （3条分量）

| 面团 | 重量 | 比例 |
|---|---|---|
| A 昭和先锋高筋面粉 | 160g | 40% |
| 高筋面粉 ※ | 240g | 60% |
| 细砂糖 | 40g | 10% |
| 盐 | 7g | 1.8% |
| 麦芽精 | 0.8g | 0.2% |
| 蛋 | 60g | 15% |
| 鲜奶 | 60g | 15% |
| 高糖干酵母 | 4g | 1% |
| 水 | 200g | 50% |
| B 无盐黄油 | 20g | 5% |
| 酒渍葡萄干 | 160g | 40% |
| 合计 | 951.8g | 238% |

编者注：※ 作者使用的是台湾小麦风味粉，其特性见 P.13。

| 酒渍葡萄干 | 重量 | 比例 |
|---|---|---|
| 葡萄干 | 126g | 41.92% |
| 青提子 | 126g | 41.92% |
| 兰姆酒 | 35g | 11.55% |
| 红酒 | 14g | 4.61% |
| 合计 | 301g | 100% |

## 配方展现的概念

* 面粉中配置 40% 的先锋面粉，可以使总量 80% 的液材被更好地吸收，让面团后续的操作性较好，烤焙时也更易膨胀。
* 保留 10%~15% 水量在面团到达五分筋（拉开呈厚膜锯齿状）时慢慢加入，可让面筋形成与水分吸收的过程达到平衡状态。

### 基本工序

▼ **搅拌面团**
材料Ⓐ慢速搅拌，转中速搅拌至八分筋，加入黄油中速搅拌，加入酒渍葡萄干拌匀，终温 26℃。

▼ **基本发酵**
60 分钟，压平排气、翻面，发酵 30 分钟。

▼ **分割**
面团 300g/ 颗。

▼ **中间发酵**
30 分钟。

▼ **整形**
面团轻拍排气后折叠成橄榄状，放入模型。

▼ **最后发酵**
60 分钟。刷上蛋液。

▼ **烘烤**
入炉烤 15 分钟（170℃ / 240℃），转向，烤 5~7 分钟。

**做法**

## 预备作业

### 1

准备模型，适用面团重量250g（作者用SN2151，底长17cm宽7.3cm，高7.5cm。容积/3.72=适用面团重量）。

## 酒渍葡萄干

### 2

将葡萄干加入酒浸泡，每天在固定时间翻动，连续操作约3天后再使用。

## 搅拌面团

### 3

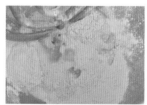

**延展面团确认状态**

将所有材料Ⓐ（水量预留10%）慢速搅拌至五六分筋。

### 4

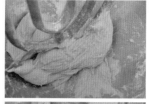

**搅拌至拾起阶段**

**延展面团确认状态**

此时面粉已糊化，再加入剩余的水，搅拌混合至拾起阶段。

### 5

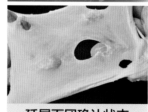

**延展面团确认状态**

转中速搅拌至面团光滑、面筋形成约八分，再加入黄油，中速搅拌至完全扩展阶段（搅拌终温26℃）。

### 6

面团延展整成长方形，在一侧铺放酒渍葡萄干（160g），再将另一侧折过来；而后横向对切，将两部分叠放；再对切、叠放，重复操作至果干与面团混合均匀。

7

整理面团成光滑的球状。

## 基本发酵，翻面排气

8

将面团放入烤盘，基本发酵约 60 分钟，而后倒扣烤盘，使面团自然落下。

9

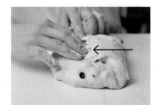

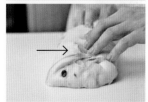

将面团左右侧朝中间折叠。

10

再由己侧朝外折叠，而后平整排气，继续发酵约 30 分钟。

## 分割，中间发酵

11

面团分割成 300g/ 颗，轻拍排出空气。

12

将面团往底部确实收合并滚圆，而后放入烤盘进行中间发酵约 30 分钟。

## 整形，最后发酵

13

轻拨动取出

轻拨动取出烤盘中的面团，将面团对折，收合于底。

14

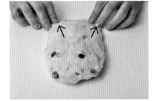

轻拍面团压排出空气，将面团竖放、按压延展底部边缘，由己侧朝中间折入 1/3 并以手指朝里按压。

15

再将外侧朝中间折入 1/3，并以手指按压。

16

将接合口朝上、用拇指按压，再将面团由己侧朝外对折，按压收口确实黏合。

17

**整成橄榄形**

搓揉面团两端，轻整成橄榄形，同时让底部收口确实密合。

18

收口朝下放入模型中，最后发酵约 60 分钟，表面涂刷蛋液。

## 烘烤

19

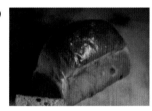

放入烤箱，以上火 170℃／下火 240℃烤约 15 分钟，转向，再烤 5~7 分钟，出炉、脱模。

**TIPS**

出炉后连同烤模在桌上重敲，震敲出面包中的空气，让内部水蒸气释出，再将面包脱模、移至冷却架上散热放凉，可避免吐司侧面往内凹陷（缩腰）。

# 蜂蜜莳麦方砖

HONEY OAT BREAD

# 蜂蜜莳麦方砖

## Honey Oat Bread

**基本工序**

▼ **前置作业**
燕麦片加水浸泡软化。

▼ **搅拌面团**
材料❹慢速搅拌，中速搅拌至八分筋，
加入黄油中速搅拌，加入燕麦拌匀，终温26℃。

▼ **基本发酵**
60分钟，压平排气、翻面，发酵30分钟。

▼ **分割**
面团115g/颗。

▼ **中间发酵**
30分钟。

▼ **整形**
折叠收合，放入模型。

▼ **最后发酵**
50分钟。

▼ **烘烤**
入炉烤12分钟（210℃／200℃），转向，烤5~8分钟。

**做法**

## 预备作业

**材料**（6条分量）

| 面团 | | 重量 | 比例 |
|---|---|---|---|
| A | 高筋面粉※ | 300g | 100% |
| | 盐 | 6g | 2% |
| | 奶粉 | 9g | 3% |
| | 蛋 | 15g | 5% |
| | 鲁邦种→ P.28 | 45g | 15% |
| | 低糖干酵母 | 3g | 1% |
| | 水 | 171g | 57% |
| | 龙眼蜜 | 75g | 25% |
| B | 无盐黄油 | 21g | 7% |
| C | 燕麦片 | 45g | 15% |
| | 水 | 54g | 18% |
| 合计 | | 744g | 248% |

编者注：※ 作者使用的是台湾小麦风味粉，其特性见 P.13。

### 配方展现的概念

* 燕麦片需先泡水隔夜软化，这样可以避免直接加入面团中吸收面团组织的水分。
* 鲁邦种与吸足水分的燕麦片同时在搅拌末段加入，可使面团在糊化后的吸收性更好。

1

准备吐司模型SN2180，带盖。燕麦片加水浸泡12~18小时软化。

## 搅拌面团

2

将所有材料Ⓐ（蜂蜜外）慢速搅拌混合。

3

**延展面团确认状态**

搅拌至拾起阶段。

4

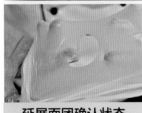

**延展面团确认状态**

转中速搅拌至光滑、面筋形成八分，分二次加入蜂蜜搅拌融合。

5

加入黄油、泡软燕麦片中速搅拌至完全扩展阶段（搅拌终温26℃）。

## 基本发酵，翻面排气

6　面团整理至表面光滑并整揉成球状，基本发酵60分钟，轻拍压排出气体，做3折2次翻面，继续发酵30分钟。

> **TIPS**
>
> 面团压平排气的做法请参考 P.22 步骤。

## 分割，中间发酵

7　面团分割成115g/颗。将面团往底部收合并滚圆，进行中间发酵约30分钟。

## 整形、最后发酵

8

将面团捏紧收合，沾少许手粉。

9

轻拍排气，由己侧向前对折，捏紧收合成圆球状，轻滚圆整形，收口朝下放入模型中，进行最后发酵约50分钟，至九分满。

> **TIPS**
>
> 使用鲁邦种的面团，给予长时的发酵、熟成，更添风味。

## 烘烤

10　放入烤箱，以上火210℃ / 下火200℃烤约12分钟，转向，继续烤5~8分钟，出炉，脱模。

# 南瓜软心乳酪

## PUMPKIN CREAM CHEESE BREAD

**材料** （3条分量）

| 面团 | | 重量 | 比例 |
|---|---|---|---|
| A | 昭和先锋高筋面粉 | 370g | 100% |
| | 细砂糖 | 45g | 12% |
| | 盐 | 6g | 1.6% |
| | 奶粉 | 9g | 2.5% |
| | 蛋 | 45g | 12% |
| | 动物性淡奶油 | 19g | 5% |
| | 南瓜馅→ P24 | 124g | 33.5% |
| | 高糖干酵母 | 4g | 1% |
| | 水 | 115g | 31% |
| B | 无盐黄油 | 37g | 10% |
| 合计 | | 774g | 208.6% |

**内层用（每条）**

| | |
|---|---|
| 烤熟南瓜片 | 9~12 片 |
| 南瓜内馅→ P.41 | |

**表面用**

| | |
|---|---|
| 南瓜籽 | 适量 |
| 蛋液 | 适量 |

## 配方展现的概念

* 南瓜随着品种和成熟季节的不同，含水量会有差别，所以拌煮好的南瓜馅加入面团后须视面团实际的软硬度将面团用水量在 ±5% 内作调整。
* 根茎类食材纤维含量高，建议使用特高筋面粉进行搭配，增加面团的烤焙膨胀力；如果要成品断口性好，则可选用一般高筋面粉。

### 基本工序

▼ **南瓜内馅**
烤熟南瓜捣成泥状，加入其他材料拌匀。

▼ **搅拌面团**
材料 **A** 慢速搅拌，中速搅拌至八分筋，加入黄油中速搅拌，终温27℃。

▼ **基本发酵**
40分钟，压平排气、翻面，发酵30分钟。

▼ **分割**
面团240g/颗。

▼ **中间发酵**
30分钟。

▼ **整形**
第一次擀开，铺放上熟南瓜片，
第二次擀开，卷上丹麦铝合金管，放入模型。

▼ **最后发酵**
80分钟。刷蛋液，中间划刀，撒上南瓜子。

▼ **烘烤**
入炉烤15分钟（170℃／240℃），转向，烤8~10分钟，冷却，脱管模，挤入南瓜内馅，筛洒糖粉。

**做法**

## 预备作业

1

准备丹麦面包铝合金管模具 SN42124、吐司模型 SN2151（适用面团 250g）。

## 搅拌面团

2

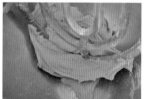
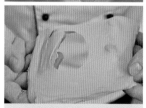
**延展面团确认状态**

将所有材料Ⓐ慢速搅拌混合至拾起阶段，转中速搅拌至表面光滑、面筋形成八分。

3
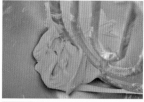

**延展面团确认状态**

加入黄油中速搅拌至完全扩展（搅拌终温 27℃）。

## 基本发酵，翻面排气

4

面团整理至表面光滑，并按压至厚度平均，基本发酵约 40 分钟。将面团取出至台面，轻拍压排出气体。

5

将左、右侧朝中间折叠。

6

再由己侧朝外折叠，平整排气，继续发酵约 30 分钟。

## 分割，中间发酵

7　面团分割成 240g/ 颗。将面团往底部确实收合，滚圆，进行中间发酵约 30 分钟。

## 整形，最后发酵

8
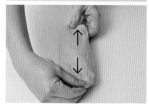

将面团轻滚收合，稍延展拉长并轻拍。

40

9

擀压成长片状，翻面，转成横向放置。

10

表面铺放烤熟南瓜片，将前缘朝中间收折、按压，再全部卷起至底，捏紧接合处，搓揉均匀成细长状。

11

将面团一端贴卷在铝合金圆管上。

12

**末端收合**

整条面团沿着模具紧贴缠绕，末端收合。

13

面团收口朝下放入模型中，最后发酵约80分钟，表面涂刷蛋液，撒上南瓜子。

## 烘烤，组合

14

放入烤箱，以上火170℃／下火240℃烤约15分钟，转向，再烤8~10分钟，出炉，脱模。待冷却，脱下管模，朝内腔挤入南瓜内馅即可。

——— 风味内馅 ———

# 南瓜内馅

| 材料 | 重量 | 比例 |
|---|---|---|
| 南瓜（烤熟） | 202g | 80.65% |
| 动物性淡奶油 | 12g | 4.84% |
| 奶油奶酪 | 10g | 4.03% |
| 蛋 | 8g | 3.32% |
| 细砂糖 | 18g | 7.25% |
| 合计 | 250g | 100% |

**做法**

① 南瓜片蒸熟或烤熟。

② 淡奶油、奶油奶酪隔水加热熔化。

③ 加入其他材料混合拌匀即可。

# 藜麦德肠香蒜

## RED QUINOA BREAD

**材料** （3条分量）

| 面团 | 重量 | 比例 |
|---|---|---|
| A 昭和先锋高筋面粉 | 259g | 70% |
| 昭和霓虹吐司专用粉 | 111g | 30% |
| 细砂糖 | 37g | 10% |
| 盐 | 7g | 1.8% |
| 奶粉 | 11g | 3% |
| 蛋 | 19g | 5% |
| 动物性淡奶油 | 37g | 10% |
| 高糖干酵母 | 4g | 1% |
| 水 | 200g | 54% |
| B 无盐黄油 | 37g | 10% |
| 红藜（煮熟） | 56g | 15% |
| 合计 | 778g | 209.8% |

内馅用（每条）

| | |
|---|---|
| A 德式香肠 | 50g |
| 起司粉 | 5g |
| B 红皮马铃薯 | 8 片 |
| 披萨丝 | 20g |
| 美乃滋→ P.25 | |

表面用

大蒜酱→ P.45

## 配方展现的概念

\* 红藜麦具有大量膳食纤维及优质蛋白质，搭配德式香肠片、红皮马铃薯调理入面包，美味又兼具健康，很满足味蕾食欲。

\* 红藜和黄油在达九分筋度时一起加入面团中搅拌，可让红藜完整保留颗粒状、维持口感，并不易破坏面团组织。

**基本工序**

▼ **大蒜酱**
欧芹加入少许橄榄油搅打细碎，再加入其他材料拌匀。

▼ **搅拌面团**
材料A慢速搅拌，中速搅拌至八分筋，加入黄油中速搅拌，加入红藜拌匀，终温26℃。

▼ **基本发酵**
40 分钟，压平排气、翻面，发酵 30 分钟。

▼ **分割**
面团 240g/ 颗。

▼ **中间发酵**
30 分钟。

▼ **整形**
擀长，铺放德式香肠、起司粉，卷起。

▼ **最后发酵**
70 分钟。
中间划开，铺放马铃薯片，挤上美乃滋、披萨丝。

▼ **烘烤**
入炉烤 15 分钟（170℃ / 230℃），转向，烤 8~10 分钟。刷上大蒜酱。

## 预备作业

1

准备模型，适用面团重量250g（作者用 SN2151，底长 17cm 宽 7.3cm，高 7.5cm。容积 /3.72=适用面团重量）。

## 搅拌面团

2

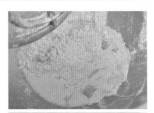

**延展面团确认状态**

高糖酵母、水以 1 : 5 混合搅拌溶解，再与所有材料 Ⓐ 慢速搅拌混合至拾起阶段，转中速搅拌至表面光滑、面筋形成八分。

3

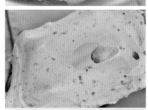

**延展面团确认状态**

加入黄油，中速搅拌至完全扩展阶段，加入煮熟红藜混合拌匀（终温 26℃）。

## 基本发酵，翻面排气

4

面团整理至表面光滑，并按压至厚度平均，基本发酵约40 分钟。将面团取出至台面上，轻拍压排出气体。

5

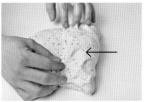

将左右侧朝中间折叠，再由己侧朝外连续翻折，平整排气，继续发酵约 30 分钟。

## 分割，中间发酵

6

面团分割成 240g/ 颗，往底部确实收合，滚圆，进行中间发酵约 30 分钟。

## 整形，最后发酵

**7**

将面团对折、收合于底并压紧两端，转纵向放置，擀压成长片状（10cm×35cm），翻面，按压薄己侧的边缘。

**8**

等间隔铺放上德式香肠片（50g）、撒上起司粉（5g）。由前端朝内卷起至底，捏紧收合处。

**9**

将面团收口朝下放入模型中，最后发酵约 70 分钟。

**10**

在表面中间剪出深及内馅的开口，将美乃滋酱（20g）以 S 形路线挤上表面，再层叠铺放红皮马铃薯片（8片），撒上披萨丝（20g）。

## 烘烤，組合

**11**

放入烤箱，以上火 170℃／下火 230℃烤约 15 分钟，转向，烤 8~10 分钟，出炉、脱模，趁热立即薄刷上大蒜酱。

--- 风味用酱 ---

# 大蒜酱

| 材料 | 重量 | 比例 |
|---|---|---|
| 无盐黄油 | 146g | 72.8% |
| 盐 | 2g | 0.77% |
| 蒜泥 | 35g | 17.62% |
| 欧芹（打碎） | 18g | 8.81% |
| 合计 | 201g | 100% |

**做法**

① 黄油放室温下软化，其他材料放室温下回复常温。

② 向欧芹加入橄榄油（可搅动起来的量即可）后搅打细碎，再加入其他材料混合拌匀即可。

# 就酱花生

PEANUT BUTTER BREAD

## 材料（3条分量）

| 面团 | | 重量 | 比例 |
|---|---|---|---|
| A | 昭和霓虹吐司专用粉 | 390g | 100% |
| | 细砂糖 | 39g | 10% |
| | 盐 | 7g | 1.8% |
| | 蛋 | 20g | 5% |
| | 动物性淡奶油 | 39g | 10% |
| | 鲁邦种→ P.28 | 39g | 10% |
| | 高糖干酵母 | 5g | 1.2% |
| | 水 | 203g | 52% |
| B | 无盐黄油 | 27g | 7% |
| 合计 | | 769g | 197% |

| 花生馅 | 重量 | 比例 |
|---|---|---|
| 颗粒花生酱 | 241g | 68.97% |
| 花生角（烤过） | 36g | 10.34% |
| 花生粉 | 73g | 20.69% |
| 合计 | 350g | 100% |

## 配方展现的概念

* 花生酱与风味洁净的霓虹吐司粉搭配，其浓郁的花生香气更能突显。
* 用鲜乳脂加入面团，能更充分地提升花生风味。

## 基本工序

▼ **花生酱**
所有材料搅拌均匀。

▼ **搅拌面团**
材料Ⓐ慢速搅拌，中速搅拌至八分筋，加入黄油中速搅拌，终温28℃。

▼ **基本发酵**
60分钟。

▼ **分割**
面团240g。

▼ **中间发酵**
30分钟。

▼ **整形**
擀长，抹上花生馅，折叠1/3，再抹花生馅，折叠，冷冻30分钟，划刀，编辫，放入模型。

▼ **最后发酵**
90分钟。刷蛋液。

▼ **烘烤**
入炉烤15分钟（170℃／230℃），转向，烤8~10分钟。

**做法**

## 预备作业

1

准备模型，适用面团重量
250g（作者用 SN2151，底
长 17cm 宽 7.3cm，高 7.5cm。
容积 /3.72= 适用面团重量）。

## 花生馅

2

将所有材料搅拌混合均匀。

## 搅拌面团

3

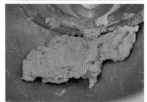

将鲁邦种、其他所有材料Ⓐ
慢速搅拌混合至拾起阶段。

4

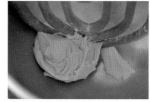

**延展面团确认状态**

转中速搅拌至光滑、面筋形
成八分。

5

**延展面团确认状态**

加入黄油，中速搅拌至完
全扩展阶段（搅拌终温
28℃）。

## 基本发酵

6

面团整理至表面光滑，并按
压至厚度平均，基本发酵约
60 分钟。

## 分割，中间发酵

7

面团分割成 240g/ 颗，轻拍
压，转向、由前端卷起至底，
中间发酵约 30 分钟。

## 整形，最后发酵

8

将面团轻拍，擀压成片状，
翻面，将四边和四角按压延
展开。

9

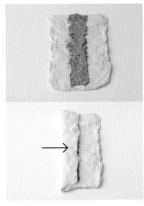

将面团划分成 3 区，在中间区域抹上花生馅（50g），再将一侧 1/3 的面团朝中间折叠。

10

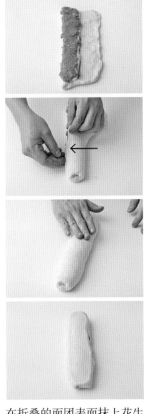

在折叠的面团表面抹上花生馅（50g），再将另一侧 1/3 的面团朝中间包覆，轻拍压，收合面团底，冷冻约 30 分钟。

11

预留顶端不切断

断面切口朝上

由面团前端下刀、直切至底。将面团切面朝上，两边以左右交叉的方式编辫，最后捏紧收口。

12

按压两端整形

稍按压两端整形，放入模型中，最后发酵约 90 分钟，涂刷蛋液。

**TIPS**

使用鲁邦种的面团，给予长时间的发酵、熟成，更添风味。

## 烘烤

13

放入烤箱，以上火 170℃／下火 230℃烤约 15 分钟，转向，继续烤 8~10 分钟，出炉，脱模。

# 欧蕾咖啡核果

## LATTE WALNUT BREAD

**材料** （3条分量）

| 面团 | | 重量 | 比例 |
|---|---|---|---|
| A | 高筋面粉 ※ | 360g | 100% |
| | 细砂糖 | 29g | 8% |
| | 盐 | 7g | 2% |
| | 蛋 | 36g | 10% |
| | 咖啡水 | 159g | 44% |
| | 低糖干酵母 | 4g | 1% |
| | 水 | 47g | 13% |
| B | 无盐黄油 | 18g | 5% |
| | 咖啡渣 | 4g | 1.2% |
| | 核桃（烤过） | 108g | 30% |
| 合计 | | 772g | 214.2% |

编者注：※ 作者使用的是台湾小麦风味粉，其特性见 P.13。

| 咖啡水 | 重量 | 比例 |
|---|---|---|
| 研磨咖啡粉（深烘焙） | 24g | 8% |
| 沸水 | 276g | 92% |
| 合计 | 300g | 100% |

| 表面用 | |
|---|---|
| 拿铁馅 A → P.54 | 180g |
| 拿铁馅 B → P.54 | 120g |

## 配方展现的概念

\* 用冲泡过的咖啡渣加到面团中，可提升烤焙后的面包香气外，还是零成本的食材。

\* 运用在面团中的核桃宜烤过再用，可去除皮膜，减少油耗味；但稍微烤过即可，烤太焦脆的话，会失去与面团的协调口感。

## 基本工序

▼ **搅拌面团**
材料Ⓐ慢速搅拌，中速搅拌至八分筋，加入黄油中速搅拌，加入咖啡渣、核桃拌匀，终温 27℃。

▼ **基本发酵**
40 分钟，压平排气、翻面 30 分钟。

▼ **分割**
面团 60g/ 颗（4 颗 240g/ 组）。

▼ **中间发酵**
30 分钟。

▼ **整形**
擀卷 2 次，放入模型。

▼ **最后发酵**
70 分钟至八分满，表面挤上拿铁馅。

▼ **烘烤**
入炉烤 15 分钟（190℃ / 230℃），转向，烤 6~8 分钟。

## 做法

### 预备作业

1

准备模型，适用面团重量250g（作者用 SN2151，底长 17cm 宽 7.3cm，高 7.5cm。容积 /3.72=适用面团重量），铺上烤焙纸。

### 拿铁内馅

2

拿铁馅🅐、拿铁馅🅑以 6：4，分别约 180g、120g 混合拌匀即可。

### 咖啡水

3 研磨咖啡粉（深烘焙）24g，与沸水 276g 搅拌混合，备用。

### 搅拌面团

4

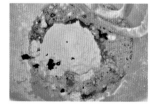

将材料🅐慢速搅拌混合至拾起阶段。

5

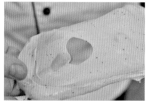

**延展面团确认状态**

转中速搅拌至表面光滑、面筋形成约八分。

6

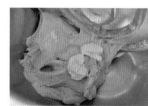

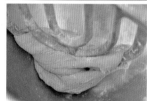

**延展面团确认状态**

加入黄油中速搅拌至完全扩展阶段（终温 27℃）。

### 基本发酵，翻面排气

7

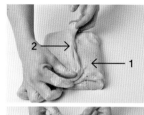

面团整理至表面光滑并按压至厚度平均，基本发酵约40 分钟，倒扣轻取出面团，由左、右侧朝中间折叠，再由己侧朝外折叠 2 次，平整排气，继续发酵约 30 分钟。

8

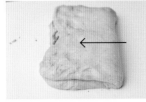

将面团延展整成长方形，在一侧半边铺放核桃，再将另一侧半边对折过来。

9

对切成半，相互叠放，再对切，叠放，重复操作至核桃均匀混入，整理整合面团。

**TIPS**

面团粉重 3kg 以上者，果干可直接投入搅拌；粉重 3kg 以下者，果干用切拌的方式混合，不会搅碎。

## 分割，中间发酵

10

面团分割成 60g/ 颗，每颗面团往底部确实收合，滚圆，进行中间发酵约 30 分钟。

## 整形，最后发酵

11

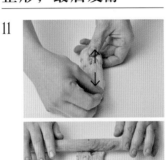

面团轻拍、稍延展拉长，擀压成片状，翻面，由前端卷起成圆筒状，收合口置于底。

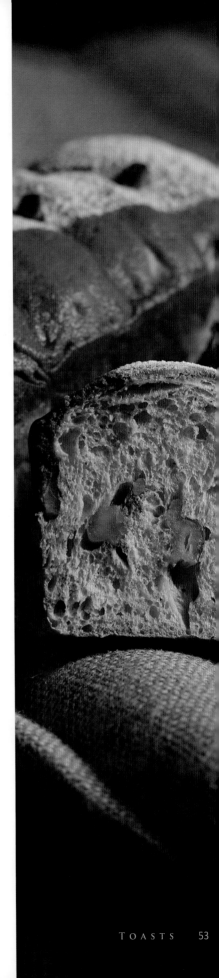

12

以 4 个为组，面团收口朝下、卷好的尾端朝同方向放入模型中，最后发酵 70 分钟（温度 32℃／湿度 80%）至八分满，表面挤上拿铁内馅（60g）。

## 烘烤、组合

13

放入烤箱，以上火 190℃／下火 230℃烤约 15 分钟，转向，烤 6~8 分钟，出炉，脱模，撕除烤焙纸，待凉筛洒糖粉。

## 拿铁馅 A

| 材料 | 重量 | 比例 |
|---|---|---|
| A 鲜奶 | 185g | 73.83% |
| B 蛋 | 28g | 11.4% |
| 　细砂糖 | 7g | 2.59% |
| 　炼乳 | 7g | 2.59% |
| 　玉米粉 | 3g | 1.3% |
| 　低筋面粉 | 13g | 5.18% |
| 　咖啡粉 | 9g | 3.37% |
| 合计 | 252g | 100% |

### 做法

① 鲜奶加热至 75℃。另将材料 B 混合拌匀。

② 将拌好的材料 B 加到热鲜奶中，开小火边拌边煮至沸腾。（食材最后会从 255g 蒸发到 229g。）

## 拿铁馅 B

| 材料 | 重量 | 比例 |
|---|---|---|
| 无盐黄油 | 51g | 33.94% |
| 糖粉 | 23g | 15.15% |
| 蛋 | 14g | 9.1% |
| 玉米粉 | 8g | 5.45% |
| 奶粉 | 50g | 33.33% |
| 水 | 5g | 3.03% |
| 合计 | 151g | 100% |

### 做法

① 黄油、糖粉混合搅打至微发。

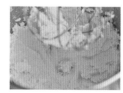

② 分次加入蛋液搅拌融合，再加入已混合过筛的粉类、水，搅拌均匀。

柠檬雪融面包

Lemon Icing Bread

# 柠檬雪融面包

## LEMON ICING BREAD

### 配方展现的概念

* 天然食材香气不易保留，可以用"配方内割法"将天然食材放在柠檬菌起种中，以天然酵母菌为媒介，让它长时间和小麦粉融合熟成，从而保留住自然风味。
* 使用法国面包专用粉、台湾小麦风味粉提高面粉灰分比例，让天然小麦香气呼应柠檬水果香气。

### 基本工序

▼ **柠檬酵种**
所有材料慢速搅拌至面团光滑，终温 28℃。
室温发酵 180 分钟，冷藏发酵 16~24 小时。

▼ **搅拌面团**
柠檬酵种、其他材料Ⓐ慢速搅拌，中速搅拌至八分筋，加入黄油中速搅拌，加入柠檬丁拌匀，终温 26℃。

▼ **基本发酵**
40 分钟，压平排气、翻面，发酵 30 分钟。

▼ **分割**
面团 50g/ 颗（5 颗 250g/ 组）。

▼ **中间发酵**
30 分钟。

▼ **整形**
搓长条，编成 5 辫。

▼ **最后发酵**
50 分钟。

▼ **烘烤**
入炉烤 12 分钟（200℃ / 180℃），转向，烤 4~6 分钟，冷却，挤上柠檬糖霜，用上火 130℃ / 下火 0℃回烤 3~4 分钟，撒上柠檬皮屑。

### 材料 （3条分量）

| 柠檬酵种 | 重量 | 比例 |
| --- | --- | --- |
| 鸟越法国面包专用粉 | 123g | 30% |
| 麦芽精 | 0.8g | 0.2% |
| 柠檬菌液→ P.27 | 86g | 21% |

| 主面团 | 重量 | 比例 |
| --- | --- | --- |
| A 高筋面粉 ※ | 287g | 70% |
| 细砂糖 | 29g | 7% |
| 盐 | 8g | 2% |
| 蛋 | 41g | 10% |
| 柠檬菌液→ P.27 | 21g | 5% |
| 低糖干酵母 | 3g | 0.8% |
| 水 | 98g | 24% |
| B 无盐黄油 | 17g | 4% |
| 柠檬丁 | 82g | 20% |
| 合计 | 795.8g | 194% |

编者注：※ 作者使用的是台湾小麦风味粉，其特性见 P.13。

**做法**

## 柠檬糖霜

1

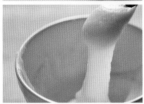

将柠檬汁（15g）、糖粉（90g）搅拌至浓稠状，加入柠檬皮屑（1/2 个）混合拌匀即成柠檬糖霜（柠檬汁:糖粉、柠檬皮的混合比例为1：6）。

## 柠檬酵种

2

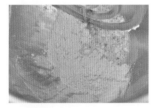

将所有材料慢速搅拌至拾起阶段。

再转中速搅拌至面团光滑状（搅拌终温 28℃）。

3

**组织结构**

将面团室温发酵 180 分钟，再低温冷藏（5℃）发酵16~24 小时。

## 搅拌面团

4

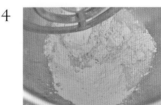

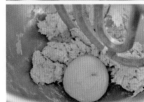

将主面团材料 Ⓐ 慢速搅拌混合，加入柠檬酵种搅拌至拾起阶段，转中速搅拌至光滑、面筋形成（约八分筋）。

5

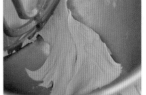

**延展面团确认状态**

加入黄油中速搅拌至完全扩展。

6

**延展面团确认状态**

加入柠檬丁混合拌匀（搅拌终温 26℃）。

## 基本发酵，翻面排气

7

面团整理至表面光滑并按压至厚度平均，基本发酵约40分钟。将面团取出至台面上，轻拍压排出气体。由左、右侧朝中间折叠，再由己侧朝外折叠，平整排气，继续发酵约30分钟。

> **TIPS**
>
> 由于分量不多，建议将面团整理至表面光滑具弹性的状态；若整成圆球状，在发酵时面团中心与外侧不同区域易因受温不平均而造成发酵状态有落差，且翻面折叠时不好操作。

## 分割，中间发酵

8

面团分割成 50g/ 颗，将每颗面团往底部确实收合，滚圆，中间发酵约 30 分钟。

## 整形，最后发酵

9

将面团轻拍、稍延展拉长，擀压成片状，翻面，横向放置，将长侧边按压滚动卷起至底，成长条。

10

轻轻滚动搓揉均匀。

11

**顶端按压固定**

以 5 条面团接合口朝上、顶端按压固定，按 2→3、5→2、1→4 的顺序重复进行交叠，编辫到底，成五股辫。

12

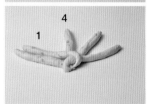

将 2 跨 3 编结，将 5 跨新的 2 编结，将 1 跨新的 4 编结。

> **TIPS**
>
> 五股辫整形法的口诀：依当下位置次序，2 跨 3、5 跨 2、1 跨 4，重复操作。

13
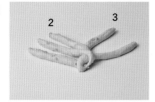
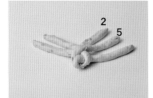

将新 2 跨新 3 编结。将新 5 跨新 2 编结。将新 1 跨新 4 编结。

14
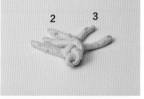

将新 2 跨新 3 编结。将新 5 跨新 2 编结。将新 1 跨新 4 编结。

15

将新 2 跨新 3 编结。将新 5 跨新 2 编结。将新 1 跨新 4 编结。

16

**收口按压密合**

将新 2 跨新 3 编结，收口按压密合。

17

将两端轻按压，再将整体略搓揉整形。进行最后发酵约 50 分钟。

## 烘烤、组合

18

放入烤箱，以上火 200℃ / 下火 180℃烤约 12 分钟，转向，烤 4~6 分钟，出炉，待冷却，挤上柠檬糖霜。

19
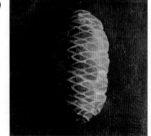

用上火 130℃ / 下火 0℃回烤 3~4 分钟，撒上柠檬皮屑。

# TOAST 2

两段发酵风味更加分

# 中 种 法

中种法是先以配方中 30%~70% 的小麦面粉与部分材料搅拌、发酵（成中种面团），
再与主面团其他面粉和材料揉和（成主面团），并完成发酵的两段式制法。
由于长时间的发酵以及两次搅拌，让面粉中麸质的延展性变得更好，
制成的面包更显得饱满，老化速度也较慢，保存性较好。
其中，中种面团适合使用干酵母制作，因为干酵母的发酵力高峰在第 4~5 次发酵。
如此做法运用在需要较多次排气，以及长时间发酵的面团上，
可有效实现风味熟成，以及烤焙时酵母产气膨胀的良好效果。

# C 吐司老面

| 材料 | | 重量 | 比例 |
|---|---|---|---|
| A | 高筋面粉 | 300g | 100% |
| | 细砂糖 | 30g | 10% |
| | 盐 | 6g | 2% |
| | 蛋白 | 45g | 15% |
| | 高糖干酵母 | 1.8g | 0.6% |
| | 水 | 141g | 47% |
| B | 无盐黄油 | 24g | 8% |
| 合计 | | 547.8g | 182.6% |

**做法**

1

高糖酵母与水按 1 ：5 混合搅拌，让酵母溶解。

2
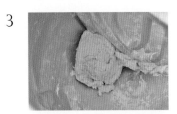

将酵母水与其他材料Ⓐ投入缸中慢速搅拌混合。

3
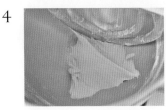

搅拌均匀，至拾起阶段。

4

转中速搅拌至表面光滑、面筋形成八分，加入黄油，中速搅拌至完全扩展阶段。

5

取部分面团延展确认状态（搅拌终温 24℃）。

6

取出面团放入容器中，覆盖保鲜膜。

7

室温发酵 60 分钟，再冷藏（约5℃)发酵 18~24小时。

# 洋葱培根芝心乳酪

BACON AND ONION BREAD

## 材料 （3条分量）

| 中种面团 | 重量 | 比例 |
|---|---|---|
| 昭和先锋高筋面粉 | 250g | 60% |
| 高糖干酵母 | 3g | 0.6% |
| 细砂糖 | 8g | 2% |
| 水 | 158g | 38% |
| 干燥洋葱丝 | 29g | 7% |

| 主面团 | 重量 | 比例 |
|---|---|---|
| A 昭和霓虹吐司专用粉 | 167g | 40% |
| 　 细砂糖 | 25g | 6% |
| 　 盐 | 8g | 2% |
| 　 全蛋 | 63g | 15% |
| 　 高糖干酵母 | 2g | 0.4% |
| 　 水 | 38g | 9% |
| B 无盐黄油 | 34g | 8% |
| 合计 | 785g | 188% |

### 培根起司（每条）

| | |
|---|---|
| 培根 | 3 片 |
| 起司片 | 3 片 |
| 胡椒粒 | 适量 |

### 表面用（每条）

| | |
|---|---|
| 洋葱丝 | 15g |
| 切达起司 | 2 片 |
| 美乃滋→ P.25 | |

## 配方展现的概念

* 使用 60% 特高筋面粉、40% 吐司专用粉配合，让面包既有口感咬劲，又能突显包裹的食材的特色。
* 含糖量 8%，含盐量 2%，可增加咀嚼口感，经咀嚼过程享受所有食材风味。若喜欢断口性，糖量可增加至 12%，其余食材用量不变。

## 基本工序

▼ **中种面团**
慢速搅拌中种材料成团，终温 24℃，
基本发酵 50 分钟，压平排气、翻面，发酵 30 分钟。

▼ **搅拌面团**
中种面团、主面团材料Ⓐ慢速搅拌，
中速搅拌至八分筋，加入黄油中速搅拌，
终温 26~28℃。

▼ **松弛发酵**
30 分钟。

▼ **分割**
面团 80g/ 颗（3 颗 240g/ 组）。

▼ **中间发酵**
30 分钟。

▼ **整形**
面团擀平，铺放切半培根片 2 片、起司片，
卷成圆筒状，对切，切面朝上放入模型中。

▼ **最后发酵**
80 分钟（32℃ / 湿度 80%）。
挤上美乃滋，铺放洋葱、切达起司片。

▼ **烘烤**
入炉烤 18 分钟（180℃ / 240℃），转向，烤 5~7 分钟。

**做法**

## 预备作业

1

准备模型，适用面团重量 250g（作者用 SN2151，底长 17cm 宽 7.3cm，高 7.5cm。容积 /3.72= 适用面团重量）。

## 中种面团

2

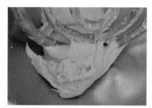

将中种面团的所有材料慢速搅拌混合均匀（搅拌终温 24℃）。

**TIPS**

干燥洋葱丝揉进中种面团发酵后更能展现出香气风味。

## 基本发酵，翻面排气

3 将中种面团整理至表面光滑并按压至厚度平均，进行基本发酵约 50 分钟，轻拍压排出气体，做 3 折 2 次翻面，继续发酵约 30 分钟。

**TIPS**

面团压平排气的做法请参考 P.22 的介绍。

## 主面团

4

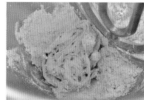

**延展面团确认状态**

将主面团材料Ⓐ慢速搅拌混合，加入中种面团继续搅拌至拾起阶段，转中速搅拌至表面光滑、面筋形成八分。

5

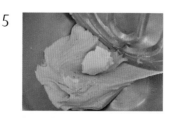

加入黄油中速搅拌。

6

**延展面团确认状态**

拌至完全扩展阶段（搅拌终温 26~28℃）。

## 松弛发酵

7 整理面团至表面光滑紧实，松弛发酵约 30 分钟。

## 分割，中间发酵

8 面团分割成 80g/ 颗，将面团往底部确实收合，滚圆，进行中间发酵约 30 分钟。

## 整形，最后发酵

9

面团稍拉长，擀压成长片状，翻面。

10

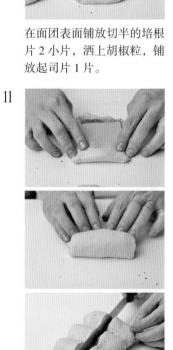

在面团表面铺放切半的培根片 2 小片，洒上胡椒粒，铺放起司片 1 片。

11

12

将整组面团切口朝上放入模型中，进行最后发酵约 80 分钟（温度 32℃／湿度 80%），挤上美乃滋。

13

铺上冰镇后的洋葱丝、切达起司片（2 片）。

## 烘烤

将面团前缘反折后朝己侧顺势卷起，成圆筒状，再将 3 个面团并排，一起对切。

14 放入烤箱，以上火 180℃／下火 240℃烤约 18 分钟，转向，再烤 5~7 分钟，出炉、脱模。

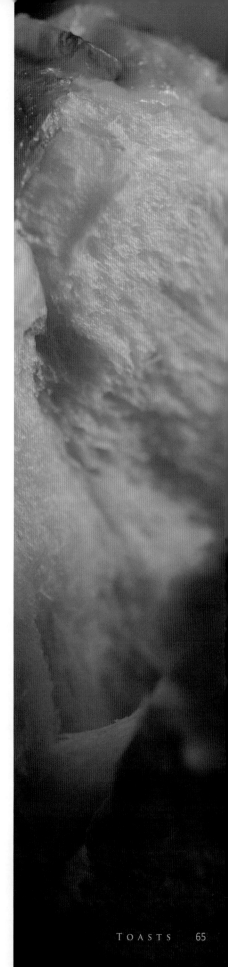

# 紫米福圆养生

FORBIDDEN RICE WITH LONGAN BREAD

**材料**（3条分量）

| 中种面团 | 重量 | 比例 |
|---|---|---|
| 昭和先锋高筋面粉 | 238g | 70% |
| 细砂糖 | 7g | 2% |
| 高糖干酵母 | 3g | 0.7% |
| 水 | 150g | 44% |

| 主面团 | 重量 | 比例 |
|---|---|---|
| A 高筋面粉 ※ | 102g | 30% |
| 　细砂糖 | 34g | 10% |
| 　盐 | 6g | 1.8% |
| 　吐司硬种 | 85g | 25% |
| 　全蛋 | 34g | 10% |
| 　水 | 44g | 13% |
| 　高糖干酵母 | 1g | 0.3% |
| B 熟紫米 | 34g | 10% |
| 　无盐黄油 | 34g | 10% |
| 合计 | 772g | 226.8% |

编者注：※ 作者使用的是台湾小麦风味粉，其特性见 P.13。

| 吐司硬种 | 重量 | 比例 |
|---|---|---|
| A 高筋面粉 | 58g | 100% |
| 　低糖干酵母 | 0.1g | 0.2% |
| 　水 | 29g | 50% |
| B 熟紫米 | 15g | 25% |
| 合计 | 102.1g | 175.2% |

**内馅用**（每条）

| 紫米桂圆馅→ P.69 | 100g |
|---|---|

## 配方展现的概念

\* 配方中有"吐司硬种"部分，系使用外割法设计配方，将熟紫米和硬种基本材料搅拌，经以低温发酵熟成，再加入主面团中，以保留食材原始风味。

\* 紫米桂圆馅制作中利用热紫米软化桂圆干，可提升口感，增加风味的层次性。

\* 主面团含 10% 的紫米饭，最终会有部分颗粒保留，可增加吐司咀嚼时的甜度和口感。

**基本工序**

▼ **前置作业**
制作吐司硬种。

▼ **中种面团**
慢速搅拌材料成团，终温 25℃，
基本发酵，50 分钟，压平排气、翻面，发酵 30 分钟。

▼ **搅拌面团**
中种面团、主面团材料🅐慢速搅拌，
中速搅拌至八分筋，加入材料🅑中速搅拌，终温 26~28℃。

▼ **松弛发酵**
20 分钟。

▼ **分割**
面团 130g/ 颗（2 颗 260g/ 组）。

▼ **中间发酵**
30 分钟。

▼ **整形**
面团擀平，抹上紫米桂圆馅（50g），包卷。

▼ **最后发酵**
80 分钟（温度 32℃ / 湿度 80%），至九分满。
刷全蛋液。

▼ **烘烤**
入炉烤 15 分钟（170℃ /230℃），转向，烤 10~12 分钟。

**做法**

## 预备作业

1

准备模型，适用面团重量250g（作者用 SN2151，底长17cm 宽7.3cm，高7.5cm。容积/3.72=适用面团重量）。

## 熟紫米

2　将紫米用1.5倍重的水浸泡软化约2小时，蒸熟即可。

## 硬吐司种

3

将所有材料Ⓐ慢速搅拌至拾起阶段，转中速搅拌至表面光滑、面筋形成八分，加入熟紫米，慢速搅拌至完全扩展阶段（终温28℃），室温发酵60分钟，冷藏（约5℃）发酵18~24小时。

## 中种面团

4

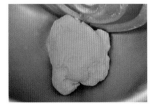

中种面团所有材料慢速搅拌混合均匀（终温25℃）。

## 基本发酵，翻面排气

5

面团整理至表面光滑并按压至厚度平均，基本发酵约50分钟，轻拍压排出气体，做3折2次翻面，继续发酵约30分钟。

> **TIPS**
>
> 面团压平排气步骤参见P.22介绍。

## 主面团

6

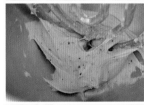

**延展面团确认状态**

将主面团所有材料Ⓐ慢速搅拌混合，加入中种面团搅拌至拾起阶段，转中速搅拌至表面光滑、面筋形成八分。

7

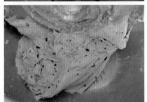

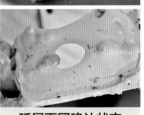

**延展面团确认状态**

加入主面团所有材料Ⓑ中速搅拌至完全扩展阶段（终温26~28℃）。

## 松弛发酵

8

整理面团至表面光滑紧实，松弛发酵约20分钟。

## 分割，中间发酵

9

面团分割成130g/颗，将每颗面团往底部确实收合，滚圆，中间发酵约30分钟。

## 整形，最后发酵

**10**

将面团轻拍、稍延展拉长，擀压成前端稍薄后端（靠自己端）稍厚的片状，翻面。

**11**

在表面抹上紫米桂圆馅（50g），由前端卷起成圆筒状，收口置底。

**TIPS**

主面团搅拌时紫米最后加入，可保持较完整的颗粒；油质具有滑润作用，能促使紫米保有较好的风味。

**12**

面团以2个为组，收口朝下、卷好的尾端朝向中间放置模型中，最后发酵约80分钟（温度32℃／湿度80%）至九分满，薄刷全蛋液。

## 烘烤

**13**

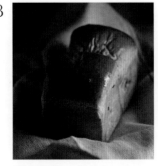

放入烤箱，以上火170℃／下火230℃烤约15分钟，转向，再烤10~12分钟，出炉、脱模。

— 风味内馅 —
# 紫米桂圆馅

| 材料 | 重量 | 比例 |
|---|---|---|
| 熟紫米 | 204g | 61.8% |
| 细砂糖 | 18g | 5.44% |
| 黄油 | 21g | 6.18% |
| 桂圆 | 82g | 24.73% |
| 兰姆酒 | 6g | 1.85% |
| 合计 | 331g | 100% |

**做法**

① 将紫米饭煮熟，投入细砂糖、黄油、桂圆中，混合拌匀，待冷却。

② 再加入兰姆酒拌匀即可。

# 苹果卡士达

APPLE CUSTARD BREAD

## 配方展现的概念

* 冷泡苹果可让苹果吸收薄盐水，避免在烤焙时水分流失而提早产生焦化反应；苹果含有钾，遇到盐中的钠后会产生甜味；冰镇盐泡可延缓苹果多酚物质的氧化，避免褐变反应。

* 主面团配方中的砂糖在搅拌时平分成 2 次下，避免糖分过分溶解造成面团过度软化，面筋未达扩展标准值，影响烤焙膨胀性（第一次在刚开始搅拌就下，第二次在面团光滑状时下）。

## 材料 （5 条分量）

| 中种面团 | 重量 | 比例 |
|---|---|---|
| 高筋面粉 | 372g | 60% |
| 高糖干酵母 | 7g | 1% |
| 细砂糖 | 19g | 3% |
| 全蛋 | 99g | 16% |
| 水 | 137g | 22% |

| 主面团 | | 重量 | 比例 |
|---|---|---|---|
| A | 高筋面粉 | 248g | 40% |
| | 细砂糖 | 106g | 17% |
| | 盐 | 7g | 1% |
| | 动物性淡奶油 | 62g | 10% |
| | 水 | 105g | 17% |
| B | 蜂蜜 | 19g | 3% |
| | 无盐黄油 | 62g | 10% |
| 合计 | | 1243g | 200% |

| 冷泡苹果 | 重量 | 比例 |
|---|---|---|
| 冷开水 | 1000g | 76.34% |
| 岩盐 | 10g | 0.76% |
| 苹果 | 300g | 22.9% |
| 合计 | 1310g | 100% |

| 内馅用（每条） | |
|---|---|
| 卡士达馅→ P.24 | 100g |

## 基本工序

▼ **预备作业**
冷泡苹果，做卡士达馅。

▼ **中种面团**
慢速搅拌中种材料成团，终温 24℃，
基本发酵 60 分钟，压平排气、翻面，发酵 30 分钟。

▼ **搅拌面团**
中种面团及主面团材料Ⓐ（砂糖只用 1/2）慢速搅拌，
中速搅拌至五分筋，再加入其余 1/2 砂糖，搅拌至八分筋，
加入黄油中速搅拌，终温 28℃。

▼ **松弛发酵**
20 分钟。

▼ **分割**
面团 55g/ 颗（4 颗 220g/ 组）。

▼ **中间发酵**
15 分钟。冷藏松弛 30 分钟。

▼ **整形**
面团擀平，铺放苹果，挤上卡士达馅，折叠，入模型。

▼ **最后发酵**
70 分钟。

▼ **烘烤**
入炉烤 15 分钟（170℃ / 240℃），转向，烤约 10 分钟。

**做法**

## 预备作业

1

准备模型，适用面团重量250g（作者用 SN2151，底长 17cm 宽 7.3cm，高 7.5cm。容积/3.72=适用面团重量）。准备卡仕达馅，方法见 P.24，并参考 P.74 说明。

## 冷泡苹果

2

冷开水、岩盐拌匀至完全溶解。苹果去皮、去籽，分切成 12 块，浸泡盐水中冷藏约 12 小时，备用。

**TIPS**

苹果片经以低温盐水浸泡处理，烘烤后不易着色。

## 中种面团

3

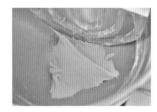

中种面团的所有材料慢速搅拌混合均匀（终温 24℃）。

## 基本发酵，翻面排气

4

将面团整理至表面光滑并按压至厚度平均，基本发酵约 60 分钟，轻拍压排出气体，做 3 折 2 次翻面，继续发酵约 30 分钟。

**TIPS**

面团压平排气步骤参见 P.22 介绍。

## 主面团

5

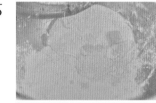

**延展面团确认状态**

将主面团材料 🄰、其中细砂糖只用 1/2 慢速搅拌混合，再加入中种面团，继续搅拌至拾起阶段，转中速搅拌至表面光滑、面筋形成五分。

6

**延展面团确认状态**

再加入剩余 1/2 细砂糖搅拌，至八分筋。

7

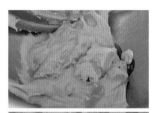

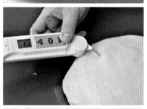

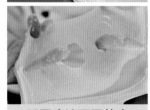

**延展确认面团状态**

加入黄油、蜂蜜慢速搅拌，至完全扩展阶段（搅拌终温 28℃）。

## 松弛发酵

8

整理面团至表面光滑紧实，松弛发酵约 20 分钟。

## 分割，中间发酵

9  面团分割成 55g/ 颗，将每颗面团往底部确实收合，滚圆，中间发酵约 15 分钟，再冷藏松弛约 30 分钟。

**TIPS**

再冷藏松弛，可让面团里的固形物凝结，这样在擀制时面团延展性好、成型性能佳。短暂冷藏面团无须覆盖，取出后表面会有冷凝水，不会有结皮现象。

## 整形，最后发酵

10

冷泡苹果泡至果肉呈透明性宛如蜜苹果般质地，取出，用餐巾纸吸除多余水分。

11

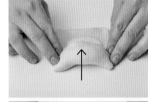

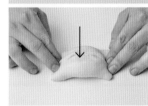

**底层面团**。将面团擀成中间隆起稍厚的片状，中间处铺放苹果片 2 片，挤上卡士达馅 25g，再将两端面团朝中间折叠包覆。

12

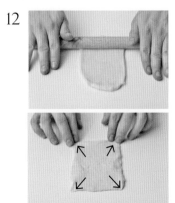

**上层面团**。将面团擀平，翻面，稍按压开四边端。

**13**

中间处铺放苹果片 2 片，挤上卡士达馅 25g，再将两端面团朝中间折叠包覆。

**14**

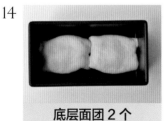

**底层面团 2 个**

面团以 4 个为组放入模型。先放底层两个，面团收合口朝下，倚靠模型两短侧边放到底层。

**15**

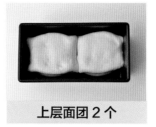

**上层面团 2 个**

再放上层两个，放好后进行最后发酵约 70 分钟。

**16**

**苹果片不必吸干水分**

表面铺放厚两三毫米的苹果圆片 3 片（不吸干水分）。

## 烘烤，组合

**17**

放入烤箱，以上火 170℃ / 下火 240℃ 烤约 15 分钟，转向，再烤约 10 分钟，出炉。

**18**

脱模，薄刷镜面果胶即可。

**TIPS**

烘烤过程中若苹果已着色太深，可在表面覆盖烤盘纸以防焦黑。

### 关于本配方中的
# 卡士达馅

本配方中的卡士达馅未加黄油。黄油较适用于后制（在面包烤后挤入）的卡仕达馅。若是前制（在面包烤前加入）的卡仕达馅，制馅时重视馅料完成时的比重，这与馅料软硬度有关，直接影响成品口感；同时，若加入大量黄油，会在烤焙阶段释出油分、造成面团分离现象，所以，一般建议前制馅可添加的黄油量为此配方煮沸前总重量的 2%，添加后可提升奶制品风味。

绵绵绵吐司

MILK BREAD

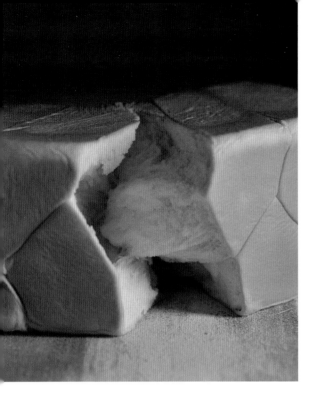

# 绵绵绵吐司

MILK BREAD

## 配方展现的概念

* 含隔夜面种的总液体量为 53%，但使用配方外割法制作的隔夜面种可使水分充分保留在面团间。
* 将隔夜面种和砂糖、盐、动物性淡奶油先拌至完全糊化，可让面团大分子结构变小，增加其柔软绵密度，再加入其余食材搅拌至面团无粗糙状即可。
* 使用乳脂含量 38% 的淡奶油，可增加滑润口感。

## 基本工序

▼ **前置作业**
制作隔夜种面团，慢速搅拌材料成团，终温 26℃，室温发酵 30 分钟，冷藏（5℃）发酵 18~24 小时。

▼ **搅拌面团**
隔夜种面团、主面团材料搅拌至七分筋，终温 25~27℃。

▼ **折叠、冷藏松弛**
折叠擀压 6~8 次，密封冷藏 10 分钟，
折叠擀压 4 次至面团光滑。

▼ **分割**
面团 220g/ 颗（3 颗 660g/ 组）；100g/ 颗（3 颗 300g/ 组）。

▼ **整形**
擀压长，卷成长条（25cm），
编成 3 股辫，入模。

▼ **最后发酵**
130 分钟至八分满（32℃ / 湿度 80%），盖上模盖。

▼ **烘烤**
入炉烤 20 分钟（210℃ / 200℃），
转向烤约 10 分钟，掀开模盖看上色程度，
调整炉盖温度再烤 5~10 分钟。

**材料** （300g3 条分量）

| 隔夜种 | 重量 | 比例 |
| --- | --- | --- |
| 隔夜种面团 | 193g | 42% |
| 主面团 | 重量 | 比例 |
| 细砂糖 | 65g | 14% |
| 盐 | 6g | 1.3% |
| 水 | 115g | 25% |
| 动物性淡奶油（乳脂 35%） | 37g | 8% |
| 动物性淡奶油（乳脂 38%） | 37g | 8% |
| 高筋面粉 | 414g | 90% |
| 低筋面粉 | 46g | 10% |
| 高糖干酵母 | 5g | 1% |
| 鲜奶 | 46g | 10% |
| 合计 | 964g | 209.3% |

| 隔夜种面团 | 重量 | 比例 |
| --- | --- | --- |
| 高筋面粉 | 130g | 100% |
| 细砂糖 | 16g | 12% |
| 盐 | 2g | 1.5% |
| 高糖干酵母 | 0.4g | 0.3% |
| 水 | 78g | 60% |
| 无盐黄油 | 8g | 6% |
| 合计 | 234.4g | 179.8% |

**做法**

## 预备作业

1

准备吐司模型 SN2120（适用面团 300g），或 SN2052（适用面团 660g）。

## 隔夜种面团

2

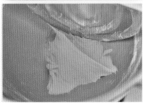

高糖酵母与水按 1：5 混合搅拌溶解，再与其他所有材料慢速搅拌至拾起阶段（终温 26℃），室温发酵 30 分钟，再冷藏发酵 18~24 小时。

## 主面团

3

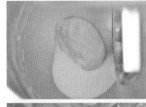
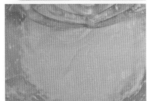

隔夜种面团、砂糖、盐先搅拌至糊化，加入水慢速混合，分次加入鲜奶、淡奶油搅拌至糊化。

4

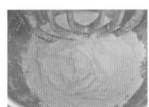

再加入面粉、酵母搅拌至拾起阶段，转中速搅拌至微光滑（终温 25~27℃）。

**TIPS**

搅拌完成的面团温度不宜超过 28℃，这样才能维持面包组织的细致柔软。

## 机器擀压

5

将面团用压面机来回延压至柔软光滑状态。

**TIPS**

完成的面团不必进行基本发酵。此面包以绵密组织为特色；而面团经过基本发酵后在肌理上会出现气孔，后续烤焙后呈现的口感是松软的绵密，而非扎实有嚼劲的绵密。

## 分割

6　面团分割成 220g/ 颗。

**TIPS**

因机器压制的效力较强，所以无须先分割面团，而是将机器可承受的面团分量先压到表面光滑、有筋度后，再分割成所需的重量，接着完成后续整形。

**7**

将面团擀压成长片状，翻面、转向，将长侧边按压滚动，卷起面团成长条，轻轻滚动搓揉均匀（约长 25cm，直径 3cm）。

## 整形，最后发酵

**8**

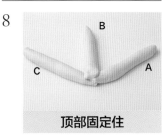

顶部固定住

将 3 条面团顶部按压固定，编辫至底。

**9**

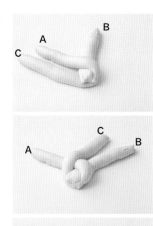

将 A → B 编结，将 C → A 编结，将 B → C 编结。

**10**

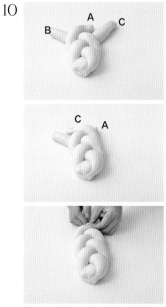

再依序重复操作，将面团由 A → B、C → A、B → C 编辫到底，成三股辫。

**11**

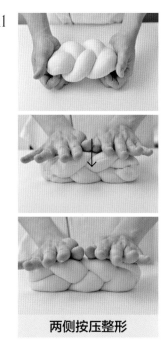

两侧按压整形

收口按压密合，再由两侧边轻按压整形。

**12**

将面团收口朝下放入模型中，倚靠模型两短边，距离模型两长边各约 1cm。送入发酵箱进行最后发酵约 130 分钟（温度 32℃ / 湿度 80%），至八分满，盖上模盖。

13

将面团分割成 100g/ 颗。

14
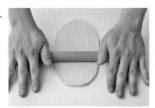

将面团擀压成长片状，朝前对折，再左右对折，再擀压成长片状，再如上对折。

15 依法重复擀平、折叠 6~8 次，放入塑料袋中，冷藏 10 分钟，再擀平、折叠重复操作 4 次，擀压至面团表面光滑。

16

将面团擀压成长片，翻面、转向，将长侧边按压滚动，卷起面团成长条，轻轻滚动搓揉均匀（约长 25cm，直径 3cm）。

## 整形，最后发酵

17

依法编结成三股辫，收口按压密合，再将两侧边轻按压整形。

18

放入模型中发酵至八分满，盖上模盖。

## 烘烤

19
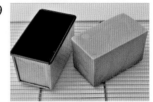

放入烤箱，以上火 210℃ / 下火 200℃ 烤约 20 分钟，转向再烤约 10 分钟，打开模盖看上色程度，调整炉盖温度再烤 5~10 分钟，出炉、脱模。

### 关于
### 机器擀和手擀

不同擀压方法完成的面温不同，机器擀压的面团终温 24℃，手擀压的面团终温 27℃。机器擀压的制程是在面团搅拌完成时立即进行，而擀压的过程也会使面团温度持续上升。若面团终温过高则会影响产品，完成后组织会粗糙。用手擀压则无法像机器那样有力和快速，需分多次、多阶段完成，所以中间要经过冷藏松弛再继续。若面团终温过低，则会影响后续发酵效力。

# 可可云朵蛋糕吐司

CHOCOLATE CAKE BREAD

## 材料 （5条分量）

| 中种面团 | 重量 | 比例 |
|---|---|---|
| 高筋面粉 | 145g | 50% |
| 高糖干酵母 | 2g | 0.7% |
| 动物性淡奶油 | 15g | 5% |
| 水 | 81g | 28% |

| 主面团 | | 重量 | 比例 |
|---|---|---|---|
| A | 吐司老面→ P.61 | 58g | 20% |
| | 细砂糖 | 32g | 11% |
| | 高筋面粉 | 145g | 50% |
| | 法芙娜可可粉 | 23g | 8% |
| | 盐 | 5g | 1.8% |
| | 全蛋 | 29g | 10% |
| | 高糖干酵母 | 1g | 0.3% |
| | 动物性淡奶油 | 15g | 5% |
| | 水 | 87g | 30% |
| B | 无盐黄油 | 23g | 8% |
| | 耐烤巧克力豆 | 35g | 12% |
| 合计 | | 696g | 239.8% |

| 巧克力蛋糕面糊 | | 重量 | 比例 |
|---|---|---|---|
| A | 蛋黄 | 179g | 18.84% |
| | 沙拉油 | 45g | 4.7% |
| | 鲜奶 | 164g | 17.27% |
| | 低筋面粉 | 112g | 11.78% |
| | 法芙娜可可粉 | 45g | 4.7% |
| B | 蛋白 | 268g | 28.26% |
| | 细砂糖 | 135g | 14.13% |
| | 柠檬汁 | 3g | 0.32% |
| 合计 | | 951g | 100% |

## 配方展现的概念

* 使用中种法，并在主面团中加入吐司老面来提升面团湿润度，使面包体与上面的蛋糕体口感柔软一致。
* 蛋糕体制作中采用烫面法，产生的热糊化作用能增加面团保湿性、减少烤焙流失率，同时也使法芙娜可可粉（可可脂含量 21%~23%）的风味能够充分表现出来。

## 基本工序

▼ **前置面种**
    吐司老面。

▼ **中种面团**
    慢速搅拌中种材料成团，终温 24℃，
    基本发酵 60 分钟，压平排气、翻面，发酵 30 分钟。

▼ **搅拌面团**
    中种面团及主面团材料Ⓐ慢速搅拌，
    中速搅拌至光滑，加入黄油中速搅拌，
    加入巧克力豆拌匀，终温 28℃。

▼ **松弛发酵**
    30 分钟。

▼ **分割**
    面团 65g/ 颗（2 颗 130g/ 组）。

▼ **中间发酵**
    30 分钟。

▼ **整形**
    1 次擀卷成 14cm 长，放入模型。
    制作巧克力蛋糕面糊。

▼ **最后发酵**
    20 分钟。倒入巧克力蛋糕面糊 180g，震敲平。

▼ **烘烤**
    入炉烤 10 分钟( 150℃ / 160℃ )，划开蛋糕中间处，
    续烤 25 分钟。

## 做法

### 预备作业

1

准备模型，适用面团重量 250g（作者用 SN2151）。吐司模铺放烤焙纸。

**TIPS**

蛋糕体会沾黏吐司烤模，所以为了维持完好造型，以及方便脱模，先铺放固定纸模。

### 中种面团

2

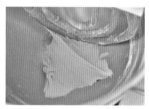

高糖酵母、水以 1：5 混合搅拌溶解，再与其他所有材料慢速搅拌均匀（终温 24℃）。

### 基本发酵，翻面排气

3

将面团整理至表面光滑并按压至厚度平均，基本发酵约 60 分钟，轻拍压排出气体，做 3 折 2 次翻面，继续发酵约 30 分钟。

**TIPS**

面团压平排气步骤参见 P.22 介绍。

### 主面团

4

**延展面团确认状态**

将主面团材料Ⓐ慢速搅拌混合，再加入中种面团，继续搅拌至拾起阶段，转中速搅拌至光滑、面筋形成八分。

**TIPS**

以前剩余的吐司老面可在此时加以运用（可避免材料的浪费），但添加量以不影响配方效力为前提，以不超过 20% 为限。

5

加入黄油，中速搅拌至完全扩展。

6

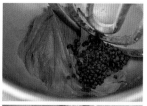

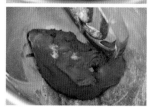

加入巧克力豆，拌匀（搅拌终温 28℃）。

### 松弛发酵

7

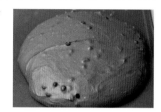

整理面团至表面光滑紧实，松弛发酵约 30 分钟。

**TIPS**

中种面团在加入主面团搅拌后须经过松弛发酵，使面筋得以松弛，而且可使酵母产气量更足，增加烤焙膨胀力，也使酵母活力增强。

### 分割，中间发酵

8

面团分割成 65g/ 颗，将每颗面团往底部确实收合，滚圆，中间发酵约 30 分钟。

## 整形，最后发酵

9

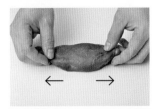

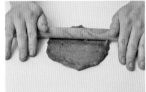

面团轻拍、稍拉长，横向放置擀压成片状，翻面，按压延展开己侧两边端。

10

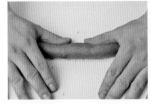

由前侧朝后卷起至底，确实收紧接合处，滚动搓揉面团成均匀条状，长 14cm。

11

将 2 个面团为组，接合处朝下放入模型中，与模具长侧边各预留距离约 1cm，最后发酵约 20 分钟。

## 巧克力蛋糕面糊

12

沙拉油、鲜奶加热至 75~80℃，加入已混合过筛的低筋面粉、可可粉拌匀，再分 3 次加入蛋黄拌匀。

13

材料❸混合搅拌至湿性发泡。先取 30% 倒入上一步的蛋黄面糊中拌匀，再一起倒回，混合拌匀即可。

## 组合，烘烤

14

在模具内面团表面倒入巧克力蛋糕面糊（约 180g），震敲使面糊均匀分布。

15

烤箱以上火 170℃／下火 190℃预热。送入面团以上火 150℃／下火 160℃烤约 10 分钟，在表面中间直划切痕，再烤约 25 分钟，出炉、震敲。（出炉前以手轻触按压，确定蛋糕体具固定性再出炉）

16

立即脱模、撕除烤焙纸，待冷却。

# 酥菠凤梨金砖

PINEAPPLE BREAD

## 材料 （6条分量）

| 中种面团 | 重量 | 比例 |
|---|---|---|
| 昭和先锋高筋面粉 | 175g | 70% |
| 高糖干酵母 | 2g | 0.7% |
| 鲜奶 | 18g | 7% |
| 水 | 102g | 40.6% |

| 主面团 | | 重量 | 比例 |
|---|---|---|---|
| A | 昭和霓虹吐司专用粉 | 75g | 30% |
| | 细砂糖 | 15g | 6% |
| | 盐 | 5g | 2% |
| | 高糖干酵母 | 1g | 0.3% |
| | 水 | 44g | 17.4% |
| | 鲜奶 | 8g | 3% |
| | 炼乳 | 13g | 5% |
| B | 无盐黄油 | 13g | 5% |
| 合计 | | 471g | 187% |

| 酒渍凤梨干 | 重量 | 比例 |
|---|---|---|
| 凤梨干 | 120g | 80% |
| 兰姆酒 | 12g | 8% |
| 凤梨酒 | 18g | 12% |
| 合计 | 150g | 100% |

表面用（每条）

| 酥皮饼干→ P.87 | 25g |
|---|---|

## 配方展现的概念

* 使用 70% 特高筋面粉、30% 吐司专用粉是为了更好地保留水分。
* 本品外形的概念是模仿凤梨酥。烤焙时带盖可使面包本体更好地保留天然凤梨干的风味。

## 基本工序

▼ **前置面种**

制作酥皮饼干碎。
制作酒渍凤梨干，材料搅拌浸渍，每天翻拌，约3天后使用。

▼ **中种面团**

慢速搅拌中种材料成团，终温 24℃，
基本发酵 50 分钟，压平排气、翻面，发酵 30 分钟。

▼ **搅拌面团**

中种面团、主面团材料 Ⓐ 慢速搅拌，
中速搅拌至八分筋，加入黄油中速搅拌，终温 28℃。

▼ **松弛发酵**

30 分钟。

▼ **分割**

面团 70g/ 个，共 6 个。

▼ **中间发酵**

30 分钟。

▼ **整形**

面团擀平，铺放酒渍凤梨干，包卷，
模型中铺放酥皮饼干碎，再放入面团。

▼ **最后发酵**

70 分钟（温度 32℃ / 湿度 80%），盖上模盖。

▼ **烘烤**

入炉烤 12 分钟（220℃ /230℃），转向烤约 4 分钟。

## 做法

### 预备作业

1

准备小型带盖吐司模型 11cm×5.8cm×5.4cm。制作酥皮饼干碎。

### 酒渍凤梨干

2

将所有材料混合搅拌浸渍，每天翻拌，约3天后使用。

### 中种面团

3

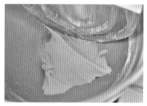

将所有材料慢速搅拌均匀（搅拌终温24℃）。

### 基本发酵，翻面排气

4

面团整理至表面光滑，基本发酵约50分钟，轻拍压排出气体，做3折2次翻面，继续发酵约30分钟。

### 主面团

5

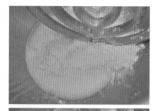

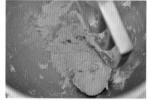

**延展面团确认状态**

将主面团材料Ⓐ慢速搅拌混合，再加入中种面团，继续搅拌至拾起阶段，转中速搅拌至光滑、面筋形成。

6

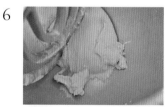

**延展面团确认状态**

加入黄油，中速搅拌至完全扩展阶段（终温28℃）。

### 松弛发酵

7

整理面团至表面光滑紧实，松弛发酵约30分钟。

### 分割，中间发酵

8

面团分割成70g/颗，共6颗，将面团往底部确实收合，滚圆，中间发酵约30分钟。

## 整形，最后发酵

**9**

面团轻拍、稍拉长，纵向放置，擀压成长片状，长约28cm，宽5.5cm，翻面，按压延展开四端。

**10**

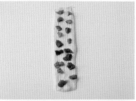

**接合处收紧**

均匀铺上酒渍凤梨干（20g/条），由前朝后卷起至底，收紧接合处。

**11**

吐司模底部铺放酥皮饼干碎（25g），轻压整形。

**12**

将面团收口朝下放入模型中，送入发酵箱，最后发酵约70分钟（温度32℃/湿度80%），盖上模盖。

## 烘烤

**13**

送入烤箱，以上火220℃/下火230℃烤约12分钟，转向再烤约4分钟，出炉、脱模。

# 酥皮饼干碎

| 材料 | 重量 | 比例 |
|---|---|---|
| 高筋面粉 | 49g | 24.56% |
| 低筋面粉 | 53g | 26.32% |
| 细砂糖 | 49g | 24.56% |
| 无盐黄油 | 49g | 24.56% |
| 合计 | 200g | 100% |

**做法**

① 将黄油软化，所有材料放入容器中。

② 先将细砂糖与黄油一起按压，使两者均匀混合，再与面粉压拌混合。

③ 用手指轻轻搓揉成均匀细小的颗粒。

④ 将材料往四周平均拨散（冷冻时温度才会平均），冷冻30分钟，再拨松即成。

# 欧贝拉可可金砖

COCOA BREAD

## 材料 （4条分量）

| 中种面团 | 重量 | 比例 |
|---|---|---|
| 昭和先锋高筋面粉 | 88g | 50% |
| 高糖干酵母 | 1g | 0.6% |
| 动物性淡奶油 | 9g | 5% |
| 水 | 49g | 28% |

| 主面团 | 重量 | 比例 |
|---|---|---|
| A 昭和霓虹吐司专用粉 | 88g | 50% |
| 法芙娜可可粉 | 14g | 8% |
| 细砂糖 | 19g | 11% |
| 盐 | 3.5g | 2% |
| 高糖干酵母 | 0.7g | 0.4% |
| 水 | 53g | 30% |
| 动物性淡奶油 | 9g | 5% |
| 蛋白 | 18g | 10% |
| 吐司老面→ P.61 | 35g | 20% |
| B 无盐黄油 | 14g | 8% |
| 合计 | 401.2g | 228% |

### 内层用（每条）

| 耐烤巧克力豆 | 5g |
|---|---|

### 表面用

巧克力镜面→ P.24
红醋栗、金箔

## 配方展现的概念

* 配方中加入 10% 烘焙比的蛋白（韧性食材），使产品口感架构上更添劲道。又使用了液态油脂，可柔化面团组织。
* 主面团中烘焙比 30% 的水可先保留自身的 10%，待面团搅拌到光滑时再加入，这样可以避免面团在前期糊化而不易搅拌，也方便在搅拌过程调整面团温度，并让最后时面筋可扩展完全。

## 基本工序

▼ **前置作业**
制作巧克力镜面。

▼ **中种面团**
慢速搅拌材料成团，终温 25℃。
基本发酵 50 分钟，压平排气、翻面，发酵 30 分钟。

▼ **搅拌面团**
中种面团、吐司老面与主面团其他材料Ⓐ慢速搅拌，中速搅拌至九分筋，加入黄油中速搅拌，终温 28℃。

▼ **松弛发酵**
30 分钟。

▼ **分割**
面团 85g/ 颗。

▼ **中间发酵**
30 分钟。

▼ **整形**
面团擀平，铺放耐烤巧克力豆，包卷，放入模型中。

▼ **最后发酵**
80 分钟（32℃ / 湿度 80%）至九分满，盖上模盖。

▼ **烘烤**
入炉烤 12 分钟（220℃ / 220℃），转向烤约 4 分钟。

**做法**

## 预备作业

1

准备小型带盖吐司模型
11cm × 5.8cm × 5.4cm。

## 中种面团

2

将所有材料慢速搅拌均匀成
团（搅拌终温 25℃）。

## 基本发酵，翻面排气

3

面团整理至表面光滑并按压
至厚度平均，进行基本发酵
约 50 分钟。

4

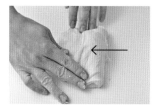

取出面团，由左右侧朝中间
折叠，再由内侧朝外折叠，
平整排气，继续发酵约 30
分钟。

## 主面团

5

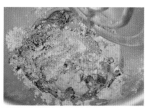

将主面团材料🅐慢速搅拌混
合，再加入中种面团继续搅
拌至拾起阶段。

6

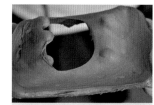

**延展确认面团状态**

转中速搅拌至光滑、面筋形
成九分。

7

**延展面团确认状态**

加入黄油中速搅拌至完全扩
展阶段（终温 28℃）。

## 松弛发酵

8

整理面团至表面光滑紧实，松弛发酵约 30 分钟。

## 分割，中间发酵

9

面团分割成 85g/ 颗，每颗面团往底部确实收合，滚圆，进行中间发酵约 30 分钟。

## 整形，最后发酵

10

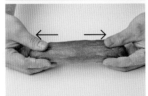

面团轻轻对折、捏紧收合，再延展拉长。

11

擀压成长片状，翻面，铺放耐烤巧克力豆（5g/ 条）。

12

由前端卷起，收合于底，滚动按压以确实收合和整形。

13

**模型两侧预留 0.5cm**

收口朝下放入模型中，两端距离模型短边各约 0.5cm。

14

放入发酵箱，最后发酵约80 分钟（温度 32℃ / 湿度80%）至模型九分满，盖上模盖。

## 烘烤，组合

15

放入烤箱，以上火 220℃ /下火 220℃ 烤约 12 分钟，转向再烤约 4 分钟，出炉、脱模。

16

表面淋上镜面巧克力，对角筛上可可粉，用红醋栗、金箔点缀。

# 庞多米

PAIN DE MIE

## 材料 （2条分量）

| 中种面团 | 重量 | 比例 |
|---|---|---|
| 高筋面粉 ※ | 732g | 60% |
| 细砂糖 | 25g | 2% |
| 高糖干酵母 | 9g | 0.7% |
| 鲜奶 | 86g | 7% |
| 水 | 391g | 32% |

| 主面团 | 重量 | 比例 |
|---|---|---|
| A 霓虹吐司专用粉 | 488g | 40% |
| 　高糖干酵母 | 4g | 0.3% |
| 　水 | 208g | 17% |
| 　细砂糖 | 86g | 7% |
| 　盐 | 25g | 2% |
| 　鲜奶 | 37g | 3% |
| 　蛋白 | 98g | 8% |
| B 无盐黄油 | 61g | 5% |
| 合计 | 2250g | 184% |

编者注：※ 作者使用的是台湾小麦风味粉，其特性见 P.13。

## 配方展现的概念

* 有别于用隔夜种制作的白吐司，本款更多了嚼劲和小麦粉的甜味。
* 配方中的蛋白除了增加烤焙弹性外，更有助于保留烘焙比共 67% 的总液体量。

## 基本工序

▼ **中种面团**
慢速搅拌材料成团，终温 25℃，
基本发酵 90 分钟。

▼ **搅拌面团**
中种面团、主面团材料Ⓐ慢速搅拌，
中速搅拌至八分筋，加入材料Ⓑ中速搅拌，终温 28℃。

▼ **松弛发酵**
30 分钟。

▼ **分割**
面团 220g/ 颗（5 颗 1100g/ 组）。

▼ **中间发酵**
30 分钟。

▼ **整形**
面团拍平、卷折，转向擀平、卷起，5 个为组放入模型。

▼ **最后发酵**
80 分钟（32℃ / 湿度 80%）至八分满。

▼ **烘烤**
入炉烤 30 分钟（210℃ / 200℃），转向烤约 15 分钟。

## 做法

### 预备作业

1

准备吐司模型 SN2012。

### 中种面团

2

中种面团所有材料慢速搅拌混合均匀（终温 25℃）。

### 基本发酵

3

**组织状态**

面团整理至表面光滑并按压至厚度平均，进行基本发酵约 90 分钟。

### 主面团

4

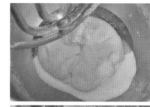

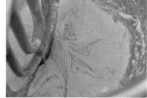

将中种面团、蛋白、细砂糖慢速搅拌至糊化，再加入其他材料Ⓐ慢速搅拌至拾起阶段。

5

**延展面团确认状态**

转中速搅拌至光滑、面筋形成八分。

6

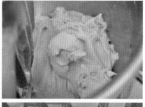

**延展面团确认状态**

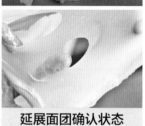

加入黄油中速搅拌，至完全扩展阶段（终温 28℃）。

### 松弛发酵

7

整理面团至表面光滑紧实，松弛发酵约 30 分钟。

## 分割，中间发酵

**8**

面团分割成 220g/ 颗，每颗面团往底部确实收合，滚圆，进行中间发酵约 30 分钟。

## 整形，最后发酵

**9**

面团拍平排出空气，翻面，由前端向后卷起，收合于底，松弛约 10 分钟。

**10**

面团纵向放置，拉抬后端同时擀压前部，再擀压后部，成长条，翻面，由前端往后卷起，收合于底，松弛约 10 分钟。

**TIPS**
一手将面团后部稍拉抬，一手在前面擀压，较能将面团擀压得平均。

**11**

**卷好的尾端朝向盒中间**

以 5 个为组，面团收合口朝下、尾端朝中间放置模型中。

**12**

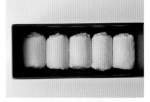

最后发酵约 80 分钟（温度 32℃ / 湿度 80%）至八分满。

## 烘烤

**13**

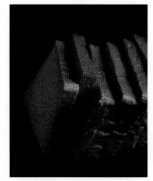

放入烤箱，以上火 210℃ / 下火 200℃烤约 30 分钟，转向再烤约 15 分钟，出炉、脱模。

# 拔丝甜菜根

## BEETROOT BREAD

### 材料 （3条分量）

| 中种面团 | 重量 | 比例 |
|---|---|---|
| 昭和先锋高筋面粉 | 238g | 70% |
| 全蛋 | 55g | 16% |
| 蛋黄 | 7g | 2% |
| 鲜奶 | 77g | 22.5% |
| 高糖干酵母 | 4g | 1% |
| 水 | 15g | 4.3% |

| 主面团 | | 重量 | 比例 |
|---|---|---|---|
| A | 高筋面粉 ※ | 102g | 30% |
| | 细砂糖 | 34g | 10% |
| | 盐 | 5g | 1.5% |
| | 奶粉 | 14g | 4% |
| | 鲜奶 | 16g | 4.5% |
| | 甜老面→ P.71 | 58g | 17% |
| | 水 | 38g | 11% |
| B | 甜菜根丝 | 68g | 20% |
| | 无盐黄油 | 41g | 12% |
| 合计 | | 772g | 225.8% |

编者注：※ 作者使用的是台湾小麦风味粉，其特性见 P.13。

### 表面用

盐之花、蛋液
无盐黄油（挤制）
有盐黄油（涂刷）

> P.71 苹果卡仕达的面团含糖高，剩下后就是甜老面。甜老面经低温长时间发酵，糖分会被消耗，而奶油风味则被提升，面筋亦柔化，可使用在含糖最高达 10% 烘焙百分比的面团中，添加量以最高 20% 烘焙比为原则，可助面团发酵和展现上述优点，还避免了甜面团的浪费。甜老面最宜存放于 0~5℃，在搅拌完成后 16~24 小时区间使用。

### 配方展现的概念

* 新鲜甜菜根丝加入面团中可增加风味，但也会使面团内的面筋受到阻断，因此本配方使用 70% 烘焙比的特高筋面粉，以支撑面团的吸水力及烤焙膨胀力。

* 甜老面的添加可增添面团风味并帮助发酵，对生产者而言还可减少损耗；若不添加，则甜菜根调整为 18%。

### 基本工序

▼ **中种面团**
慢速搅拌材料成团，终温 26℃。
基本发酵，40 分钟，压平排气、翻面，发酵 30 分钟。

▼ **搅拌面团**
中种面团、甜老面等主面团材料Ⓐ、甜菜根丝（8%）慢速搅拌，中速搅拌至八分筋，加入黄油、甜菜根丝（12%）中速搅拌，终温 28℃。

▼ **松弛发酵**
20 分钟。

▼ **分割**
面团 80g/ 颗（3 颗 240g/ 组）。

▼ **中间发酵**
20 分钟。

▼ **整形**
面团滚成圆锥状，擀平，卷起。

▼ **最后发酵**
80 分钟（32℃ / 湿度 80%），至八分满，刷蛋液，挤上无盐黄油，撒上盐之花。

▼ **烘烤**
入炉烤 12 分钟（170℃ / 220℃），转向烤约 8 分钟，薄刷黄油。

**做法**

## 预备作业

1

准备模型，适用面团重量 250g（作者用 SN2151，底长 17cm 宽 7.3cm，高 7.5cm。容积 /3.72=适用面团重量）。

## 中种面团

2

将中种面团所有材料慢速搅拌混合均匀（终温 26℃）。

## 基本发酵，翻面排气

3

面团整理至表面光滑并按压至厚度平均，基本发酵约 40 分钟，轻拍压排出气体，做 3 折 2 次翻面，继续发酵约 30 分钟。

> **TIPS**
> 面团压平排气步骤参见 P.22 介绍。

## 主面团

4

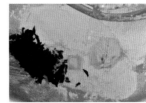

将甜老面等主面团材料Ⓐ以及 8% 烘焙比的甜菜根丝慢速混合搅拌，再加入中种面团搅拌至拾起阶段。

5

**延展面团确认状态**

转中速搅拌至光滑、面筋形成八分。

6

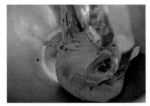

加入黄油、其余 12% 烘焙比的甜菜根丝中速搅拌。

7

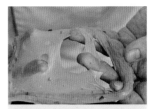

**延展面团确认状态**

拌至完全扩展阶段（搅拌终温 28℃）。

## 松弛发酵

8

整理面团至表面光滑紧实，松弛发酵约 20 分钟。

## 分割，中间发酵

9 面团分割成 80g/ 颗，将每颗面团往底部确实收合，滚圆，进行中间发酵约 20 分钟。

## 整形，最后发酵

10

面团揉整成一端圆厚、一端细的圆锥状。

11

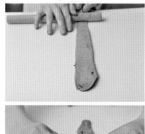

擀压平成长片，翻面，由圆端卷起，收口置于底。

13

待表面风干，薄刷蛋液，斜划刀口，并在刀口挤上无盐黄油，最后撒上盐之花。

12

**斜着放置入模**

以3个为组，面团收口朝下、斜着放置模型中，最后发酵约80分钟（温度32℃／湿度80%）至八分满。

## 烘烤，组合

14

放入烤箱，以上火170℃／下火220℃烤约12分钟，转向再烤约8分钟，出炉、脱模，趁热薄刷有盐黄油。

**TIPS**

本配方中的甜面团制作，参考P.71"苹果卡士达"的中种、主面团配方，再用直接法来搅拌、发酵即可（注意砂糖要分成2次加入搅拌）。

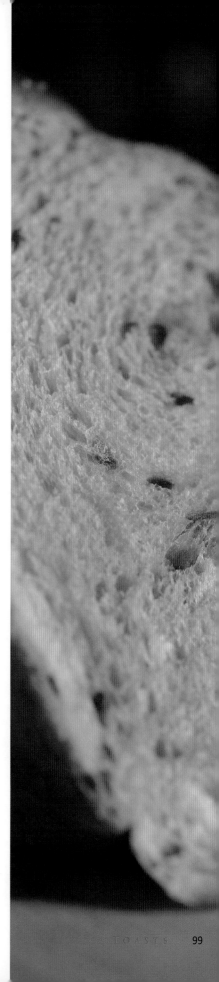

# TOAST 3

糊化后保湿更柔软

# 烫 面 法

烫面法是将配方中部分面粉加入沸水混合搅拌，糊化成熟面糊（称作烫面），
再与其他材料搅拌混合，进行发酵的制法。
经过糊化的面粉因其蛋白质无法再结合，应用在面团中后，
可提高面团的吸水量，使面团组织气孔细致，
可让制成的面包口感柔软细致有弹性，不会过于强韧。

# D 烫面

| 材料 | 重量 | 比例 |
|---|---|---|
| 高筋面粉 | 168g | 70% |
| 低筋面粉 | 72g | 30% |
| 细砂糖 | 19g | 8% |
| 盐 | 3g | 1% |
| 黄油 | 19g | 8% |
| 沸水（100℃） | 288g | 120% |
| 合计 | 569g | 237% |

**做法**

1
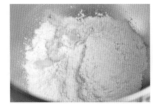
将所有材料（除水外）放入搅拌缸中。

2

水煮至沸腾（水量损耗为3%）。

3
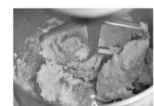
将沸水倒入做法❶中，以慢速搅拌混合成团。

4

再转中速搅拌，至无粉粒状即可。

5

将面团放入容器中，覆盖烤焙纸，待降温至约25~30℃。

6
放入密封容器，低温冷藏(约5℃)，静置约24小时后使用。

**TIPS**

冷藏可保存约3天。烫面的损耗率较高，因此计算配方时损耗须再多加。

# 三星脆皮葱峰

## GREEN ONION BREAD

### 材料 （3条分量）

| 面团 | 重量 | 比例 |
|---|---|---|
| A 高筋面粉 ※ | 370g | 100% |
| 细砂糖 | 15g | 4% |
| 盐 | 7g | 2% |
| 奶粉 | 11g | 3% |
| 麦芽精 | 1g | 0.3% |
| 蛋 | 37g | 10% |
| 低糖干酵母 | 4g | 1% |
| 水 | 204g | 55% |
| 烫面→ P.101 | 74g | 20% |
| B 无盐黄油 | 19g | 5% |
| 合计 | 742g | 200.3% |

编者注：※ 作者使用的是台湾小麦风味粉，其特性见 P.13。

| 香料葱馅 | 重量 | 比例 |
|---|---|---|
| 青葱 | 158g | 79.07% |
| 洋葱 | 40g | 19.77% |
| 意大利综合香料 | 1.4g | 0.69% |
| 白胡椒粉 | 1g | 0.47% |
| 合计 | 200.4g | 100% |

### 其他内馅

黑胡椒细粒

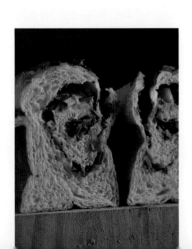

## 配方展现的概念

* 馅料中葱和天然辛香料带来鲜明风味，它们的用量可依个人喜好调整。

* 高筋面粉可依个人对风味的喜好选择品牌。

### 基本工序

▼ **香料葱馅**
所有材料混合拌匀。

▼ **搅拌面团**
材料Ⓐ慢速搅拌，转中速搅拌至八分筋，
加入黄油中速搅拌至完全扩展阶段，终温 26℃。

▼ **基本发酵**
40 分钟，压平排气、翻面，30 分钟。

▼ **分割**
面团 230g/ 颗。

▼ **中间发酵**
30 分钟。

▼ **整形**
折叠收合，擀成长椭圆形，铺放香料葱馅，洒上黑胡椒细粒，整成橄榄状，放入模型中。

▼ **最后发酵**
60 分钟。表面筛洒上图形，切划 S 切纹。

▼ **烘烤**
入炉（炉温 170℃ / 240℃），喷蒸汽少量 1 次，
3 分钟后喷大量蒸汽 1 次，烤约 15 分钟，转向，烤
10 分钟。

**做法**

## 预备作业

1

准备模型，适用面团重量 250g（作者用 SN2151）。

## 香料葱馅

2

葱切成 0.5cm 小段。馅料使用前将所有材料轻拌混匀。

## 搅拌面团

3

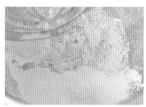

**延展面团确认状态**

将面团材料Ⓐ全部混合，慢速搅拌至拾起阶段，转中速搅拌至表面光滑、面筋形成。

4

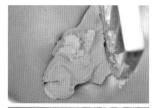

**延展面团确认状态**

加入黄油，中速搅拌至完全扩展阶段（终温 26℃）。

5

整理整合面团，至表面光滑并按压至厚度平均。

**TIPS**

判断每阶段面团筋膜状态时，最好先将搅拌速度降低搅拌约 10 秒，以缓冲筋度，再延展判断会较准确。

## 基本发酵，压平排气

6

面团整理后进行基本发酵约 40 分钟，而后倒扣容器使面团自然落下。将面团由左、右侧朝中间折叠，再由内侧朝中间折，再朝外折叠。平整排气，继续发酵约 30 分钟。

## 分割，中间发酵

**7**

面团分割成 230g/ 颗，折叠收合，轻拍压，再转向对折收合，整理成椭圆状。进行中间发酵约 30 分钟。

## 整形，最后发酵

**8**

将面团对折收合，延展拉长。

**9**

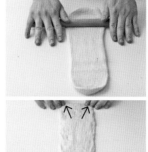

擀压成片状，翻面，将四个边端按压延展开。

**10**

在面团表面均匀铺放香料葱馅（约 60g），洒上黑胡椒细粒（约 1g），由前端卷起，收合于底。

**11**

搓揉整形成橄榄状。

**12**

面团收口朝下放入模型中，进行最后发酵约 60 分钟。将表面斜覆盖一半，筛洒上高筋面粉，再切划 S 形纹。

## 烘烤

**13** 将模具（带烤盘）放入烤箱（上火 170℃ / 下火 240℃），入炉后喷少量蒸汽 1 次，3 分钟后喷大量蒸汽 1 次，烤约 15 分钟，转向烤约 10 分钟，出炉、脱模。

**TIPS**

烘烤中途、面团表面开始上色后，将模具调整位置再烘烤，避免烤不均匀。

# 大地黄金地瓜

## Sweet Potato Bread

**材料**（3条分量）

| 面团 | 重量 | 比例 |
|---|---|---|
| **A** 高筋面粉 | 350g | 100% |
| 细砂糖 | 32g | 9% |
| 盐 | 6g | 1.6% |
| 奶粉 | 7g | 2% |
| 地瓜馅 | 175g | 50% |
| 高糖干酵母 | 4g | 1% |
| 水 | 123g | 35% |
| 烫面→ P.101 | 53g | 15% |
| **B** 无盐黄油 | 25g | 7% |
| 合计 | 775g | 220.6% |

| 地瓜馅 | 重量 | 比例 |
|---|---|---|
| 地瓜（去皮蒸熟） | 197g | 78.74% |
| 细砂糖 | 12g | 4.73% |
| 无盐黄油 | 12g | 4.73% |
| 蛋黄 | 20g | 7.87% |
| 动物性淡奶油 | 10g | 3.94% |
| 合计 | 251g | 100% |

### 内馅、表面用

地瓜内馅→ P.109
奶粉

## 配方展现的概念

* 加入烫面可增加咀嚼断口性，搭配软馅料共占面团烘焙比例65%，这种高占比会提高面包的食用化口性。
* 用现成地瓜馅时须视馅料水分含量的不同，斟酌调整配方中的水量。

## 基本工序

**▼ 地瓜馅**

制作地瓜馅、地瓜内馅。

**▼ 搅拌面团**

材料❹慢速搅拌，中速搅拌至八分筋，加入黄油中速搅拌至完全扩展阶段，终温26℃。

**▼ 基本发酵**

40分钟，压平排气、翻面，30分钟。

**▼ 分割**

面团120g/颗（2颗240g/组）。

**▼ 中间发酵**

30分钟。

**▼ 整形**

擀成方片状，挤上地瓜馅，卷起，
2条为组放入模型。

**▼ 最后发酵**

60~70分钟。筛洒上奶粉。

**▼ 烘烤**

入炉15分钟（170℃ / 240℃），转向，烤8~10分钟。

**做法**

## 预备作业

1

准备模型，适用面团重量 250g（作者用 SN2151，底长 17cm 宽 7.3cm，高 7.5cm。容积 /3.72= 适用面团重量）。

## 地瓜馅

2

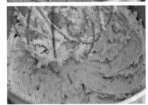

地瓜蒸熟后，趁热加入细砂糖、黄油搅拌均匀至无颗粒，再慢慢加入蛋黄、淡奶油混合拌匀。

## 搅拌面团

3
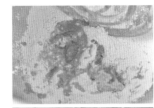

**延展面团确认状态**

将面团材料🅰混合，慢速搅拌至拾起阶段，转中速搅拌至表面光滑、面筋形成。

4
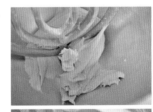
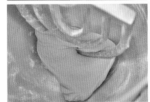

**延展面团确认状态**

加入黄油，中速搅拌至完全扩展阶段（终温 26℃）。

## 基本发酵，压平排气

5

面团整理至表面光滑，并按压至厚度平均，进行基本发酵约 40 分钟。倒扣容器，使面团自然落下。

6

由左、右侧朝中间折叠，再由内侧朝中间折，再朝外折。将面团平整排气，继续发酵约 30 分钟。

## 分割，中间发酵

**7**

将面团分割成 120g/ 颗。将每颗面团往底部确实收合，滚圆，中间发酵 30 分钟。

## 整形，最后发酵

**8**

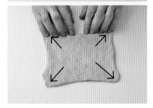

将面团对折、收合，延展拉长后擀压成片状，翻面，按压开四边端，成方片状。

**9**

在表面前端处挤上地瓜内馅（约 90g）。

**10**

**收合口捏紧**

由前端反折按压，卷起至底，沿着收合口确实将两侧捏紧。

**11**

面团以 2 条为组，收口朝下放入模型中，进行最后发酵 60~70 分钟，而后在表面筛洒上奶粉。

## 烘烤

**12** 放入烤箱，以上火 170℃／下火 240℃烤约 15 分钟，转向，烤 8~10 分钟，出炉、脱模。

─ 风味内馅 ─

### 地瓜内馅

| 材料 | 重量 | 比例 |
|---|---|---|
| 蒸熟地瓜 | 367g | 61.07% |
| 细砂糖 | 27g | 4.49% |
| 无盐黄油 | 32g | 5.32% |
| 卡士达馅 | 138g | 22.96% |
| 蛋白 | 37g | 6.16% |
| 合计 | 601g | 100% |

**做法**

① 待去皮蒸熟的地瓜降温至 60℃，加入细砂糖、黄油搅拌均匀，呈颗粒状。

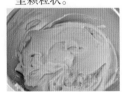

② 待冷却，再加入卡士达馅（P.24）、蛋白混合拌匀。

# 花见红藜洛神

## ROSELLE BREAD

### 材料 （3条分量）

| 面团 | | 重量 | 比例 |
|---|---|---|---|
| A | 昭和先锋高筋面粉 | 356g | 100% |
| | 细砂糖 | 29g | 8% |
| | 盐 | 7.5g | 2% |
| | 红藜粉 | 10g | 3% |
| | 烫面→ P.101 | 71g | 20% |
| | 蛋 | 36g | 10% |
| | 低糖干酵母 | 4g | 1% |
| | 水 | 221g | 62% |
| B | 无盐黄油 | 18g | 5% |
| | 红藜（煮熟） | 18g | 5% |
| 合计 | | 770.5g | 216% |

### 内馅用（每条）

| | |
|---|---|
| 蜜渍洛神花（切丁） | 56g |

### 包覆面皮（每条）

| | |
|---|---|
| 面皮面团 | 60g |
| 蜜渍洛神花（整朵）※ | 1朵 |

编者注：※ 在网络上也叫洛神花果脯，洛神花也叫玫瑰茄。

## 配方展现的概念

* 红藜粉的使用量不宜超过 3% 烘焙比，以免影响烤焙膨胀。（注：读者若买不到此项材料，可以不用。若购买红藜麦打成粉末，会有苦味。）
* 配方中的烫面 20% 是作为天然保湿添加物使用，而昭和先锋面粉的高蛋白质所形成的组织可以支撑多样的天然副食材。

### 基本工序

▼ **搅拌面团**

材料Ⓐ慢速搅拌，中速搅拌至八分筋，
加入黄油、红藜，中速搅拌至完全扩展，终温 26℃。
分割成内层面团、包覆面团。
内层面团拍平，铺放洛神花丁，折叠 1/3，
再铺放馅料，折叠 1/3，卷折收合平整。

▼ **基本发酵**

40 分钟，压平排气、翻面 30 分钟。

▼ **分割**

内层面团 200g/ 颗，包覆面团 60g/ 颗。

▼ **中间发酵**

30 分钟。

▼ **整形**

内层面团整形成圆筒状。
包覆面团擀平，刷上橄榄油，放上蜜洛神花、内层面团，包覆成型，放入模型。

▼ **最后发酵**

70 分钟。筛粉，在中间处浅划开。

▼ **烘烤**

入炉 15 分钟( 170℃ / 230℃ )，转向，烤 6~8 分钟。

## 做法

### 预备作业

1

准备模型，适用面团重量 250g（作者用 SN2151，底长 17cm 宽 7.3cm，高 7.5cm。容积 /3.72=适用面团重量）。

### 搅拌面团

2

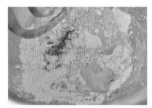

将红藜加 1.5 倍水，蒸熟。将面团材料Ⓐ混合，慢速搅拌至拾起阶段。

3

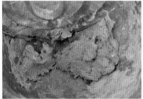

**延展面团确认状态**

转中速搅拌至表面光滑、面筋形成（约八分筋）。

4

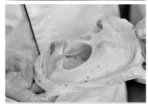

**延展面团确认状态**

加入黄油、煮熟红藜，中速搅拌至完全扩展阶段（搅拌终温 26℃）。

5

将面团分割成内层面团、包覆面团。

6

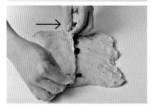

将内层面团延展成四方形，在中间铺放蜜渍洛神花丁，再将一侧 1/3 朝中间折叠。

7

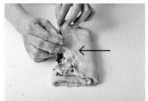

在表面铺上第二层蜜渍洛神花丁，再将另一侧 1/3 面团朝中间折叠覆盖，表面再铺上蜜渍洛神花丁。

8

由己侧向前卷折起，收口于底。整理至表面光滑并按压至厚度平均。

## 基本发酵，压平排气

9

将内层面团进行基本发酵约40分钟，倒扣容器，让面团自然落下。

10

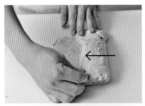

由左、右侧朝中间折叠，再由内侧朝中间折，再朝外折，而后压平排气，继续发酵约30分钟。

11

将包覆面团整理至表面光滑并按压至厚度平均，基本发酵约40分钟，由左、右侧朝中间折叠，再由内侧朝中间折、朝外折，不压平排气，继续发酵约30分钟。

## 分割，中间发酵

12

内层面团分割成200g/颗，包覆面团分割成60g/颗。将包覆面团往底部确实收合滚圆，覆膜后冷藏。

13

将内层面团折叠收合，转向再折叠收合，成圆球状，进行中间发酵约30分钟。

## 整形，最后发酵

14

将内层面团对折收合，收合口置底，轻拍成片状，翻面，按压开四边端。

**15**

由外侧向后卷起至底，将接合处捏紧，搓揉面团两端，收合整形。

**16**

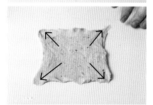

将包覆面团擀压成片状，翻面，延压展开成方片，薄刷油。

**17**

铺放上蜜渍洛神花。

**18**

再放上内层面团（收口朝上），将两侧面皮包住面团，捏紧接口，整体整成圆柱状。

**19**

面团接口朝下放入模型中，进行最后发酵约 70 分钟。

**20**

在表面筛洒高筋面粉。在中间处浅划开，至可见洛神花的深度。

## 烘烤

**21**

（带烤盘）放入烤箱（上火 170℃／下火 230℃），入炉后喷少量蒸汽 1 次，3 分钟后喷大量蒸汽 1 次，烤约 15 分钟，转向烤 6~8 分钟。出炉，脱模。

甘味玉蜀黍

COUNTRY CORN BREAD

# 甘味玉蜀黍

COUNTRY CORN BREAD

## 配方展现的概念

* 面粉量 10kg 以上者，玉米粒、起司丁可在搅拌时直接放入，可将配方中水量保留 3%，在最后一起投入，慢速拌匀，避免玉米粒碎裂。
* 此面粉比例属有嚼劲的，若需增加断口性可降低高筋面粉比例，提高法国面包专用粉比例。

## 基本工序

▼ **包覆面皮**

　　所有材料慢速搅拌成团，搅拌终温 24℃，基本发酵约 60 分钟，中间压平排气、翻面 30 分钟，分割成 60g/ 颗，冷藏静置 2~24 小时。

▼ **搅拌面团**

　　材料❹慢速搅拌，中速搅拌至七分筋，
　　加入黄油中速搅拌至完全扩展阶段，终温 26℃。
　　拍平，铺放玉米粒、奶酪丁，折叠 1/3，铺放馅料，折叠 1/3，铺放馅料，卷折收合成圆球状。

▼ **基本发酵**

　　40 分钟，压平排气、翻面，30 分钟。

▼ **分割**

　　面团 210g/ 颗。

▼ **中间发酵**

　　30 分钟。

▼ **整形**

　　内层面团擀平、卷折成圆柱状，用包覆面皮卷起。

▼ **最后发酵**

　　60 分钟。筛洒高筋面粉，从中间往两侧分别划 5 刀。

▼ **烘烤**

　　入炉（170℃／240℃），喷少量蒸汽 1 次，
　　3 分钟后喷大量蒸汽 1 次，烤约 15 分钟，转向，烤 8~10 分钟。

## 材料（3 条分量）

| 面团 | | 重量 | 比例 |
|---|---|---|---|
| A | 高筋面粉 | 196g | 70% |
| | 鸟越法国面包专用粉 | 84g | 30% |
| | 细砂糖 | 20g | 7% |
| | 盐 | 5g | 1.6% |
| | 麦芽精 | 1g | 0.3% |
| | 低糖干酵母 | 3g | 1% |
| | 蛋 | 14g | 5% |
| | 烫面→ P.101 | 56g | 20% |
| | 动物性淡奶油 | 14g | 5% |
| | 水 | 168g | 60% |
| B | 无盐黄油 | 14g | 5% |
| C | 玉米粒 | 84g | 30% |
| | 高熔点奶酪丁 | 34g | 12% |
| 合计 | | 694g | 246.9% |

| 包覆面皮 | 重量 | 比例 |
|---|---|---|
| 高筋面粉 | 91g | 70% |
| 低筋面粉 | 39g | 30% |
| 麦芽精 | 0.4g | 0.3% |
| 低糖干酵母 | 0.8g | 0.6% |
| 水 | 91g | 70% |
| 盐 | 2.6g | 2% |
| 合计 | 224.8g | 172.9% |

## 做法

### 预备作业

1

准备模型，适用面团重量250g（作者用 SN2151，底长 17cm 宽 7.3cm，高 7.5cm。容积 /3.72=适用面团重量）。

### 包覆面皮

2

所有材料慢速搅拌均匀成团（搅拌终温 24℃），基本发酵约 60 分钟，压平排气、翻面，中间发酵 30 分钟，分割成 60g/ 颗，冷藏静置 2~24 小时，期间使用完毕。

### 搅拌面团

3

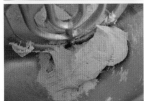

将面团材料Ⓐ混合后慢速搅拌至拾起阶段。

4

**延展面团确认状态**

转中速搅拌至表面光滑、面筋形成。

5
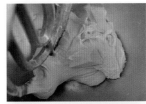
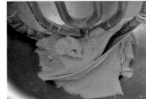
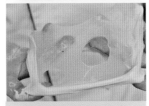

**延展面团确认状态**

加入黄油，中速搅拌至完全扩展阶段（终温 26℃）。

**TIPS**

折叠入馅的玉米粒、高熔点奶酪丁，分成 3 层折入。每层有玉米粒 10% 烘焙比、起司丁 4% 烘焙比。

6

**10% 玉米粒、4%起司丁**

将面团延展整成四方形，在中间处铺放玉米粒、起司丁，再将一侧 1/3 朝中间折叠。

7

**10% 玉米粒、4%起司丁**

**10% 玉米粒、4%起司丁**

表面铺上第二层玉米粒、起司丁，再将另一侧 1/3 朝中间折叠覆盖。再铺上玉米粒、起司丁。

8

从内侧底部往中间卷折起，收口置于底，整理收合面团成圆球状。

## 基本发酵，压平排气

9

面团整理至表面光滑并按压至厚度平均，基本发酵约40分钟。倒扣容器使面团落下。由左、右侧朝中间折叠面团。

10

再由内侧朝中间折、朝外折，平整排气，继续发酵约30分钟。

## 分割，中间发酵

11

面团分割成210g/颗。将面团折叠后转向再折叠，往底部收合滚圆，进行中间发酵约30分钟。

## 整形，最后发酵

12

**内层面团。**将面团沾少许粉，擀压成片状，翻面，按压开底部边端，由上、下两侧往中间卷折，再对折收合于底。

13

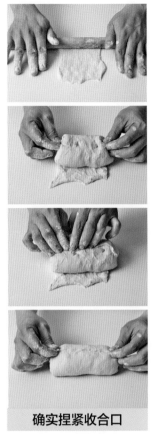

### 确实捏紧收合口

**外层面皮。** 将面团擀成方片状，翻面，再将内层面团收口朝上放在面皮中间，将两侧面皮朝上拉合包覆，捏紧收合口。

14

面团收口朝下放入模型中，最后发酵约60分钟，覆盖圆孔图，筛洒上高筋面粉，就两侧间隔切划5刀口。

## 烘烤

15

（带烤盘）放入烤箱（上火170℃／下火240℃），喷蒸汽少量1次，3分钟后喷大量蒸汽1次，烤约15分钟，转向，再烤8~10分钟。出炉，脱模。

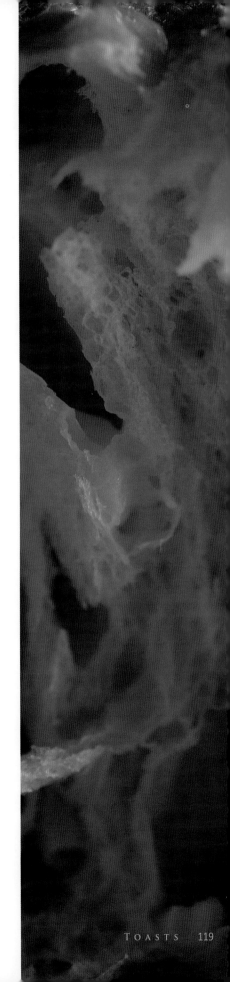

# 日光美莓乳酪

STRAWBERRY BREAD

## **材料**（3条分量）

| 面团 | 重量 | 比例 |
|---|---|---|
| A 高筋面粉[①] | 350g | 92% |
| 　日清裸麦粉（细挽） | 31g | 8% |
| 　细砂糖 | 31g | 8% |
| 　盐 | 6g | 1.6% |
| 　麦芽精 | 2g | 0.5% |
| 　葡萄菌液→P.161 | 38g | 10% |
| 　烫面→P.101 | 76g | 20% |
| 　低糖干酵母 | 4g | 1% |
| 　水 | 146g | 38.5% |
| 　草莓果泥 | 61g | 16% |
| B 无盐黄油 | 19g | 5% |
| 合计 | 764g | 200.6% |

| 酒渍草莓干 | 重量 | 比例 |
|---|---|---|
| 草莓干 | 144g | 80% |
| 柑曼怡柑橘味力娇酒（Grand Mariner） | 15g | 8% |
| 草莓酒[②] | 15g | 8% |
| 兰姆酒 | 7g | 4% |
| 合计 | 181g | 100% |

| 内馅用（每条） | | |
|---|---|---|
| 奶油奶酪 | 40g | |
| 酒渍草莓干 | 20g | |

编者注：
①作者使用的是台湾小麦风味粉，其特性见 P.13。
②作者使用的草莓酒产自台湾彰化县二林镇。

## 配方展现的概念

* 利用 8% 裸麦粉的微酸味搭配草莓果泥和草莓干的微酸味。
* 10% 葡萄菌液可提升面团的水果风味；若不使用葡萄菌液，也可用同量的水代替。

## 基本工序

▼ **酒渍草莓干**
　将果干与酒浸泡，每天在固定时间翻动，连续约 3 天后再使用。

▼ **搅拌面团**
　材料Ⓐ慢速搅拌，中速搅拌至七分筋，加入黄油中速搅拌至完全扩展，终温 26℃。

▼ **基本发酵**
　40 分钟，压平排气、翻面，30 分钟。

▼ **分割**
　面团 240g/ 颗。

▼ **中间发酵**
　30 分钟。

▼ **整形**
　擀长，由上而下放上 3 处内馅（奶油乳酪、酒渍草莓干），卷起，放入模型。

▼ **最后发酵**
　60 分钟。撒上白芝麻，筛洒裸麦粉。

▼ **烘烤**
　入炉 15 分钟（170℃ / 230℃），转向，烤 8~10 分钟。

**做法**

## 预备作业

1

准备模型，适用面团重量 250g（作者用 SN2151，底长 17cm 宽 7.3cm，高 7.5cm。）。

## 酒渍草莓干

2

草莓干与酒浸泡，每天固定时间翻动，连续 3 天后使用。

## 搅拌面团

3

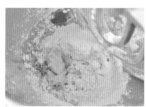

**延展面团确认状态**

将面团材料 Ⓐ 混合，慢速搅拌至拾起阶段，转中速搅拌至表面光滑、面筋形成。

4

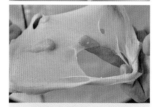

**延展面团确认状态**

加入黄油，中速搅拌至完全扩展（搅拌终温 26℃）。

**TIPS**

判断每阶段面团筋膜状态时，最好先将搅拌速度降低搅拌约 10 秒以缓冲筋度后，再延展判断会较准确。

## 基本发酵，压平排气

5

面团整理至表面光滑并按压至厚度平均，进行基本发酵约 40 分钟。倒扣容器取下面团。轻拍压面团排出气体，做 3 折 2 次翻面。继续发酵约 30 分钟。

**TIPS**

面团压平排气作业，请参考 P.22 步骤。

## 分割，中间发酵

6

面团分割成 240g/ 颗，将面团往底部确实收合滚圆，进行中间发酵约 30 分钟。

## 整形，最后发酵

7

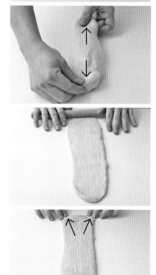

将面团对折，收合于底，延展拉长，擀压成片状，翻面，按压延展开底部边端。

8

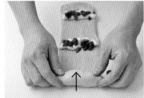

在面团的前、中、后三个位置分别挤上奶油奶酪（40g），铺放酒渍草莓（20g）。由前侧卷起面团覆盖馅料，继续卷至底，收合整形。

9

面团收口朝下放入模型中，进行最后发酵约60分钟。在表面喷水雾，撒上少许白芝麻。

10

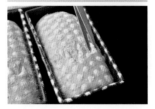

待稍风干，覆盖圆点图样，筛洒上裸麦粉，剪出连续^刀口，做草莓蒂造型。

## 烘烤

11

放入烤箱，以上火170℃ /下火230℃烤约15分钟，转向，烤8~10分钟，出炉、脱模。

# 星钻南瓜堡

PUMPKIN CHEESE BREAD

## 材料 （3 条分量）

| 面团 | 重量 | 比例 |
|---|---|---|
| A 昭和先锋高筋面粉 | 256g | 70% |
| 昭和霓虹吐司专用粉 | 108g | 30% |
| 细砂糖 | 29g | 8% |
| 盐 | 7g | 1.8% |
| 奶粉 | 11g | 3% |
| 蛋 | 43g | 12% |
| 动物性淡奶油 38% | 22g | 6% |
| 南瓜馅 | 126g | 35% |
| 高糖干酵母 | 4g | 1% |
| 水 | 108g | 30% |
| 烫面→ P.101 | 54g | 15% |
| B 无盐黄油 | 36g | 10% |
| 合计 | 800g | 221.8% |

| 南瓜馅 | 重量 | 比例 |
|---|---|---|
| 南瓜（去皮蒸熟） | 121g | 80.34% |
| 黄砂糖 | 15g | 9.83% |
| 奶粉 | 15g | 9.83% |
| 合计 | 151g | 100% |

## 表面用

南瓜内馅→ P.41

## 配方展现的概念

* 使用 38% 动物性淡奶油可滑润南瓜中纤维的口感。
* 加入烫面的面团组织断口性较好；不添加的话，口感比较劲道。

## 基本工序

▼ **南瓜馅**
将蒸熟南瓜打散，加入其他材料拌匀。

▼ **搅拌面团**
材料Ⓐ慢速搅拌，中速搅拌至七分筋，
加入黄油中速搅拌至完全扩展阶段，终温 26℃。

▼ **基本发酵**
40 分钟，压平排气、翻面，30 分钟。

▼ **分割**
面团 250g/ 颗。

▼ **中间发酵**
30 分钟。

▼ **整形**
面团擀长，抹上南瓜内馅，折叠 1/3，
抹馅，折叠 1/3 覆盖，冷冻，
分切成三段，交错叠放入模型，剪出刀痕。

▼ **最后发酵**
70~80 分钟。刷上蛋液。

▼ **烘烤**
入炉 15 分钟（170℃ / 240℃），转向，烤 5~7 分钟。

**做法**

## 预备作业

1

准备八角模型。

## 南瓜馅

2

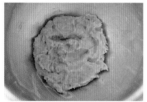

蒸熟南瓜趁热倒入搅拌缸中用中速打散，加入混合均匀的黄砂糖、奶粉拌匀，待凉即可使用（冷藏可保存约3天，冷冻可保存约1个月）。

## 搅拌面团

3

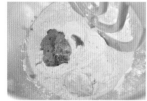

将面团材料🅐混合后，慢速搅拌至拾起阶段。

4

**延展面团确认状态**

转中速搅拌至表面光滑、面筋形成。

5

**延展面团确认状态**

加入黄油，中速搅拌至完全扩展阶段（终温26℃）。

6

整理收合面团至表面光滑并按压至厚度平均。

## 基本发酵，压平排气

7

面团整理后进行基本发酵约40分钟，倒扣容器让面团自然落下。

8

由左、右侧朝中间折叠，再由内侧朝中叠，再朝外折叠。平整面团排气，继续发酵约30分钟。

## 分割，中间发酵

9

面团分割成 250g/ 份，将面团折叠，往底部收合，进行中间发酵约 30 分钟。

## 整形，最后发酵

10

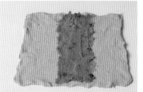

将面团均匀轻拍，稍拉长，擀成片状，翻面，延展开成方片状，在中间 1/3 处抹上南瓜内馅（70g）。

11

将一侧面团朝中间折叠 1/3，表面抹上第二层南瓜内馅，再将另一侧面团朝中间折叠 1/3 覆盖。覆膜、冷冻约 30 分钟。

12

**交错层叠放入模**

**南瓜造型**。将面团分切成三等份，交错层叠入模。

13

进行最后发酵 70~80 分钟。剪出尖角状形成瓜蒂叶。刷上蛋液。

14

**编辫造型**。将面团纵切一直刀，编成二股辫（参见 P.49），收口按压密合成型，放入模型中（SN2151 或其他 250g 模具），最后发酵约 70~80 分钟，刷上蛋液。

## 烘烤，组合

15

**编辫款**

放入烤箱以上火 170℃ / 下火 240℃烤约 15 分钟，转向，烤约 5~7 分钟，出炉、脱模。

16

小南瓜款同法烘烤。瓜蒂是利用法国老面切小段烤熟，插上装饰。

# 紫恋蝶豆莓果

## BUTTERFLY PEA FLOWER BREAD

**材料** （3 条分量）

| 面团 | 重量 | 比例 |
|---|---|---|
| A 昭和先锋高筋面粉 | 340g | 85% |
| 　细砂糖 | 40g | 10% |
| 　盐 | 7g | 1.8% |
| 　奶粉 | 12g | 3% |
| 　蛋 | 48g | 12% |
| 　鲜奶 | 40g | 10% |
| 　低糖干酵母 | 4g | 1% |
| 　水 | 128g | 32% |
| 　蝶豆花烫面 | 121g | 30.4% |
| B 无盐黄油 | 32g | 8% |
| 合计 | 772g | 193.2% |

| 蝶豆花烫面 | 重量 | 比例 |
|---|---|---|
| 高筋面粉 | 60g | 15% |
| 干燥蝶豆花 | 1.4g | 0.35% |
| 水 | 60g | 15% |
| 合计 | 121.4g | 30.35% |

| 蓝莓奶酪馅 | | |
|---|---|---|
| 蓝莓馅→ P.131 | 198g | |
| 奶油奶酪 | 132g | |

## 配方展现的概念

* 蝶豆花富含天然花青素，使用配方内割法安排在烫面中，将不耐热的色素体先破坏，保留耐高温烤焙的色素体；煮烂的花朵继续留在面团中使用，食材得到完全利用。

* 蛋的烘焙比最高可加至 15%，最低须维持在 12%以支撑烤焙膨胀效果。

## 基本工序

▼ **蝶豆花烫面**
水煮沸，放入蝶豆花浸泡开，加入到面粉中搅拌成团，待冷却，冷藏静置约 24 小时。

▼ **蓝莓奶酪馅**
蓝莓馅、奶油奶酪馅搅拌混合均匀。

▼ **搅拌面团**
材料Ⓐ慢速搅拌，中速搅拌至八分筋，
加入黄油中速搅拌至完全扩展阶段，终温 26℃。

▼ **基本发酵**
40 分钟，压平排气、翻面，30 分钟。

▼ **分割**
面团 240g/ 颗。

▼ **中间发酵**
30 分钟。

▼ **整形**
擀长，抹上蓝莓乳酪馅，卷起，
冷冻约 30 分钟，分切成 5 等份，放入模型。

▼ **最后发酵**
120 分钟。

▼ **烘烤**
表面刷上全蛋液，撒上杏仁片（或花生角），
入炉 15 分钟（180℃ / 230℃），转向，烤 6~8 分钟。

## 预备作业

1

准备模型，适用面团重量250g（作者用SN2151）。

## 蓝莓奶酪馅

2

将蓝莓馅、奶油奶酪以6：4比例混合，搅拌均匀。

## 蝶豆花烫面

3

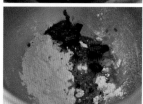

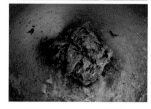

水煮沸，放入蝶豆花浸泡开，加入到面粉中搅拌成团，待冷却，冷藏静置约24小时。

## 搅拌面团

4

**延展面团确认状态**

将面团材料Ⓐ混合，慢速搅拌至拾起阶段，转中速搅拌至表面光滑、面筋形成。

5

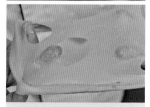

**延展面团确认状态**

加入黄油，中速搅拌至完全扩展阶段（终温26℃）。

## 基本发酵，压平排气

6

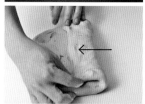

面团整理至表面光滑并按压至厚度平均，基本发酵约40分钟，倒扣容器使面团自然落下。由左、右侧朝中间折叠，再由内侧朝中折叠，再朝外折叠。平整排气，继续发酵约30分钟。

## 分割，中间发酵

**7**

面团分割成 240g/ 颗，将面团往底部确实收合滚圆，中间发酵约 30 分钟。

## 整形，最后发酵

**8**

将面团轻拍，稍延展拉长，擀压成片状，翻面，在表面抹蓝莓乳酪馅（100g）。

**9**

由前端卷起，收合于底。

**10**

整形成圆筒状，包覆后冷冻 30 分钟。

**TIPS**

冷冻 30 分钟可让面团定型，有利于分切的操作。

**11**

**斜靠交错入模**

将面团平均分切成 5 份，而后每份以收口朝下、稍斜靠（头、尾两块斜靠方向相对）的姿势相互交错着放入模型中，最后发酵约 120 分钟，刷上全蛋液，撒上花生角(或杏仁角）。

## 烘烤

**12**

放入烤箱，以上火 180℃ / 下火 230℃ 烤约 15 分钟，转向，烤 6~8 分钟。出炉，脱模。

— 风味内馅 —

# 蓝莓馅

| 材料 | 重量 | 比例 |
|---|---|---|
| 蓝莓（可冷冻） | 338g | 75.19% |
| 黄砂糖 | 34g | 7.52% |
| 细砂糖 | 51g | 11.28% |
| 蜂蜜 | 17g | 3.76% |
| 柠檬汁 | 10g | 2.25% |
| 合计 | 450g | 100% |

\* 比重 1.154
\* 得率：食材总重 ×0.56（煮好起锅 252g）

**做法**

将所有材料以小火边拌边熬煮至浓稠状。

# TOAST 4

**高水量的活性发酵力量**

# 液 种 法

液种法（Poolish）又称波兰法。
是使用等量的粉类和水搅拌均匀，低温长时发酵后，
做成发酵种，隔日再与其余材料揉和的方法。
由于水分偏多，种面是含无数气泡的黏糊质地，因此又称"液种法"。
少量的酵母为小麦面粉和水材之间的媒介，
充分利用 100% 以上的水材量让小麦面粉充分吸收水分熟成，可增加面团柔软性并促进发酵稳定，
制成的面包能散发特有的浓厚发酵香气与风味。

# E 液种（内割法配方）

| 材料 | 重量 | 比例 |
|---|---|---|
| 高筋面粉 | 108g | 30% |
| 麦芽精 | 0.7g | 0.2% |
| 水 | 83g | 23% |
| 低糖干酵母 | 0.4g | 0.1% |
| 鲜奶（30℃） | 43g | 12% |
| 合计 | 235.1g | 65.3% |

* **配方内割法**：设定配方时从面粉总量（100%）内"割"出部分，另外制作成面种或是面团，这些另外部分在主配方搅拌程序中加回主面团，这种方法称为"内割法"。

* **配方外割法**：设定配方时在主配方面粉总量外，再另外以适当的面粉量制作面种或是面团，这些另外部分在主配方搅拌程序中加回主面团，这种方法称为"外割法"。

**做法**

1

将所有材料搅拌混合均匀（搅拌终温28℃）。

2
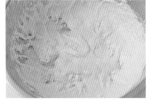

室温发酵2小时。

3

冷藏发酵18~24小时。

4 投入主面团搅拌前，放室温下回温约90分钟至16℃。

**TIPS**

液种量越大退冰时间越长。

**本书共通原则**
## 玻璃容器沸水消毒法

为避免杂菌的孳生导致发霉，使用的容器工具须事先煮沸消毒。

一般的消毒作业：

1

锅中加入可以完全淹盖过瓶罐的水量，煮沸水，放入瓶罐煮约3分钟。

2

用夹子挟取出瓶罐。

3

倒放瓶罐、自然风干即可。其他使用的工具，可以热水浇淋消毒。

# 18% 蜂蜜叮叮

## HONEY BUTTER BREAD

**材料** （3条分量）

| 液种面团 | 重量 | 比例 |
|---|---|---|
| 高筋面粉 | 74g | 20% |
| 蜂蜜 | 37g | 10% |
| 高糖干酵母 | 0.4g | 0.1% |
| 水 | 41g | 11% |

| 中种面团 | 重量 | 比例 |
|---|---|---|
| 高筋面粉 | 185g | 50% |
| 蜂蜜 | 30g | 8% |
| 炼乳 | 30g | 8% |
| 高糖干酵母 | 4g | 1% |
| 水 | 82g | 22% |

| 主面团 | | 重量 | 比例 |
|---|---|---|---|
| A | 高筋面粉 | 111g | 30% |
| | 细砂糖 | 26g | 7% |
| | 盐 | 7g | 1.8% |
| | 奶粉 | 17g | 4% |
| | 蛋 | 37g | 10% |
| | 水 | 26g | 7% |
| B | 无盐黄油 | 37g | 10% |
| | 蜂蜜丁 | 30g | 8% |
| 合计 | | 774.4g | 207.9% |

**表面用**

蜂蜜奶油→ P.136

## 配方展现的概念

* 使用液种面团及中种面团，通过长时间的熟成发酵将蜂蜜的风味保留在面包里。
* 蜂蜜的稀释性高于一般细砂糖，不建议使用蛋白质含量13%以上的高筋或特高筋面粉来制作面团；以蛋白质含量介于 12%~12.8% 的高筋面粉为适宜。

## 基本工序

▼ **液种面团**
所有材料搅拌混合均匀，终温 30℃，室温发酵 2 小时，冷藏发酵 16~24 小时。

▼ **中种面团**
慢速搅拌中种材料成团，终温 26℃。

▼ **基本发酵**
40 分钟，压平排气、翻面，30 分钟。

▼ **搅拌面团**
将中种面团、液种面团与主面团材料Ⓐ慢速搅拌，中速搅拌至八分筋。
加入黄油中速搅拌至完全扩展阶段，终温 28℃。加入蜂蜜丁混匀。

▼ **松弛发酵**
30 分钟。

▼ **分割**
面团 60g/ 颗（4 颗 240g/ 组）。

▼ **中间发酵**
30 分钟。

▼ **整形**
擀开卷成短长型，放入模型。

▼ **最后发酵**
90 分钟。

▼ **烘烤**
入炉烤15 分钟（170℃ / 230℃），转向，烤 7 分钟，刷上蜂蜜奶油。

## 做法

### 预备作业

1

准备模型，适用面团重量250g（作者用 SN2151，底长 17cm 宽 7.3cm，高 7.5cm。容积 /3.72=适用面团重量）。

### 蜂蜜奶油

2

将黄油（例如 75g）搅拌松发，加入蜂蜜（例如 25g）混合拌匀即可（配方比例为黄油：蜂蜜 =3：1）。

### 液种面团

3

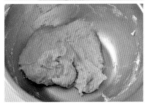

将酵母与水溶解，加入蜂蜜、高筋面粉拌匀至无粉粒（终温 30℃），室温发酵 2 小时，冷藏发酵 16~24 小时。

### 中种面团

4

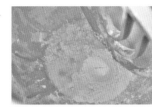

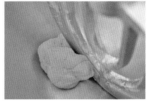

中种面团的所有材料慢速搅拌混合均匀（搅拌终温26℃）。

### 基本发酵，压平排气

5

中种面团整理至表面光滑并按压至厚度平均，基本发酵约 40 分钟。

6

轻取出面团，由左、右侧朝中间折叠。

7

再由内侧朝中折叠，再朝外折叠，平整排气，继续发酵约 30 分钟。

### 主面团

8

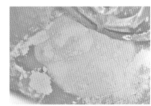

将主面团材料🅐慢速搅拌混合。

136

9

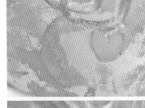

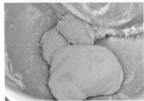

加入液种面团拌搅均匀，再加入中种面团继续搅拌至拾起阶段。

10

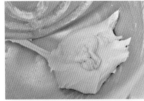

**延展面团确认状态**

转中速搅拌至光滑、面筋形成。

11

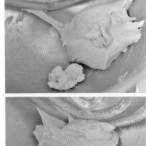

**延展面团确认状态**

再加入黄油中速搅拌至完全扩展阶段（终温28℃）。

12

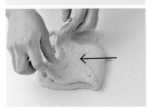

将面团延展整成四方形，在一侧铺放蜂蜜丁，再将另一侧面团折叠覆盖。

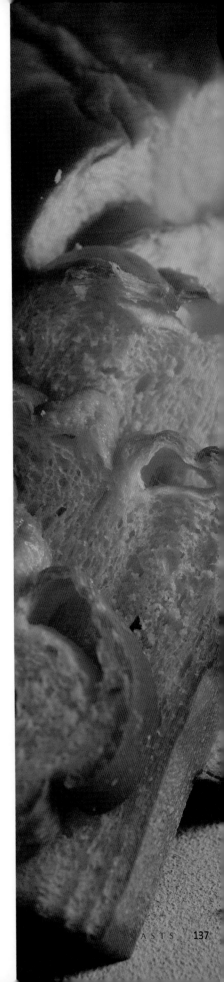

13

对切面团，叠放后再对切，
重复操作让蜂蜜丁混匀。

## 松弛发酵

14

整理面团至表面光滑紧实，
松弛发酵约 30 分钟。

## 分割，中间发酵

15

面团分割成 60g/ 颗。将面
团往底部确实收合滚圆，进
行中间发酵约 30 分钟。

## 整形，最后发酵

16

面团对折，收合于底。轻拍
延展拉长，擀压成片状。翻
面，按压开底部边端，由前
端卷起，收合于底，成小圆
柱形（约 6cm 长）。

17

以 4 个为组，收口朝下，卷
好的尾端朝向中间，倚靠模
型边放置，最后发酵约 90
分钟。

## 烘烤，组合

18

放入烤箱以上火 170℃ / 下
火 230℃ 烤约 15 分钟，转
向烤约 7 分钟，出炉、脱模，
趁热刷上蜂蜜奶油。

红豆爆炸如意卷

RED BEAN BREAD

# 红豆爆炸如意卷

RED BEAN BREAD

## 材料 （3条分量）

| 液种面团 | 重量 | 比例 |
|---|---|---|
| 高筋面粉 | 108g | 30% |
| 麦芽精 | 0.7g | 0.2% |
| 水 | 83g | 23% |
| 低糖干酵母 | 0.4g | 0.1% |
| 鲜奶（30℃） | 43g | 12% |

| 主面团 | | 重量 | 比例 |
|---|---|---|---|
| A | 高筋面粉 | 144g | 40% |
| | 昭和霓虹吐司专用粉 | 108g | 30% |
| | 细砂糖 | 58g | 16% |
| | 盐 | 4g | 1.2% |
| | 蛋 | 54g | 15% |
| | 高糖干酵母 | 4g | 1% |
| | 水 | 61g | 17% |
| B | 无盐黄油 | 36g | 10% |
| | 蜜红豆粒 | 72g | 20% |
| 合计 | | 776.1g | 215.5% |

| 蜜红豆粒 | 重量 | 比例 |
|---|---|---|
| 红豆粒（煮熟） | 270g | 90% |
| 黄砂糖 | 15g | 5% |
| 红糖 | 15g | 5% |
| 合计 | 300g | 100% |

**内馅用（每条）**

| | |
|---|---|
| 红豆馅→ P.143 | 100g |

## 配方展现的概念

* 面团搭配 20% 的蜜红豆粒制作，目的是使红豆不局限于内馅，连面包体也能让人吃到红豆粒的风味。
* 使用霓虹吐司粉，目的在于柔化口感，而且这类风味偏属纯净的粉类，添加在面团中可突显蜜红豆的风味。

## 基本工序

▼ **红豆馅**
制作红豆馅、蜜红豆。

▼ **液种面团**
所有材料搅拌均匀，终温 28℃，
室温发酵 2 小时，冷藏发酵 18~24 小时。
搅拌前放室内回温 90 分钟至 16℃。

▼ **搅拌面团**
将液种面团与主面团材料 Ⓐ 慢速搅拌，中速搅拌，
加入黄油中速搅拌至完全扩展阶段，终温 27℃，
将蜜红豆粒混入面团。

▼ **基本发酵**
50 分钟，压平排气、翻面，30 分钟。

▼ **分割**
面团 80g/ 颗，160g/ 颗。

▼ **中间发酵**
30 分钟。

▼ **整形**
擀开 160g 面团，抹上红豆馅 70g，卷起，
擀开 80g 面团，抹上红豆馅 30g，卷起。
冷冻 30 分钟。模型中间放入 80g 面团，160g 面团对切后放两侧。

▼ **最后发酵**
80 分钟。刷上蛋液，撒上杏仁角。

▼ **烘烤**
入炉烤 15 分钟（170℃ / 230℃），转向，烤 8~10 分钟。

## 做法

### 预备作业

1

准备模型，适用面团重量
250g（作者用 SN2151，底
长 17cm 宽 7.3cm，高 7.5cm。
容积 /3.72=适用面团重量）。

### 蜜红豆粒

2

将煮好的红豆粒（270g）、
黄砂糖（15g）、红糖（15g）
混合拌匀，待冷却使用
（红豆粒煮后的损耗比为
1.286）。

### 液种面团

3

将所有材料搅拌均匀（搅拌
终温 28℃）。

4

室温发酵 2 小时，冷藏发酵
18~24 小时。搅拌前放室内
回温约 90 分钟至 16℃。

**TIPS**

常温发酵可使酵母充分发
挥作用，让小麦粉风味和
鲜奶更加融合、熟成。

### 主面团

5

将主面团材料Ⓐ慢速搅拌混
合，再加入液种面团，继续
搅拌至拾起阶段。

6

**延展面团确认状态**

转中速搅拌至光滑、面筋形
成。

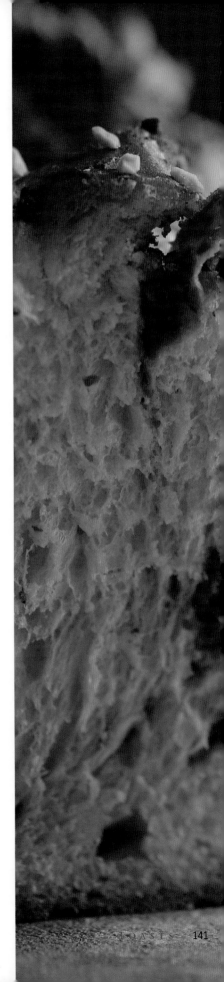

7

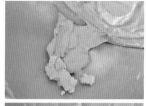

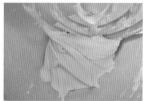

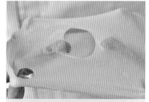

**延展面团确认状态**

再加入黄油中速搅拌至完全扩展阶段（终温 27℃）。

8

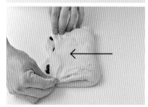

将面团延展整成四方形，在一侧铺放蜜红豆，再将另一侧面团对折过来覆盖。

9

对切、叠放，再对切、叠放，重复以上操作至红豆均匀混入面团。整理整合面团。

**TIPS**

· 面团粉量 3kg 以上者，豆粒可直接投入面团慢速搅拌。
· 面团粉量少于 3kg 者，红豆粒如果用搅拌机扩散混合，易碎，因此适合用手工切拌混合。切拌时，要将面团两侧慢慢集中，避免红豆粒漏出。

## 基本发酵，压平排气

10

面团整理至表面光滑并按压至厚度平均，基本发酵约 50 分钟。轻取下面团，由左、右侧朝中间折叠，再由内侧朝中折叠，再朝外折叠，平整排气，继续发酵约 30 分钟。

## 分割，中间发酵

11

面团分割成 160g/ 颗、80g/ 颗两种各 3 颗。将面团往底部确实收合，滚圆，进行中间发酵约 30 分钟。

## 整形，最后发酵

12

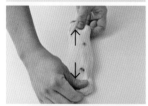

取大面团（160g）对折，收合于底，纵放延展拉长，擀压成前端稍薄后端稍厚的片，翻面。

13

在表面抹上红豆馅 70g。

14

由前端卷起，收合于底。

15

小面团（80g）依法擀折、包卷红豆馅 30g，整形成圆筒状。都冷冻静置 30 分钟。

16

将大面团对切成二，断面朝上，摆放模型的前后两侧，中间放置小面团。进行最后发酵约 80 分钟。在表面涂刷蛋液，撒上杏仁角。

## 烘烤

17

放入烤箱以上火 170℃／下火 230℃烤约 15 分钟，转向，烤 8~10 分钟。出炉，脱模。

―― 风味内馅 ――

### 红豆馅

| 材料 | | 重量 | 比例 |
|---|---|---|---|
| A | 红豆 | 98g | 24.4% |
| | 水 | 196g | 48.9% |
| B | 黄砂糖 | 49g | 12.2% |
| | 盐 | 0.8g | 0.2% |
| | 动物性淡奶油 | 41g | 10.2% |
| | 麦芽糖（水饴） | 17g | 4.1% |
| 合计 | | 401.8g | 100% |

\* 损耗比＝ 1.326
  煮后重量 =401.8g÷1.326=303g

**做法**

① 将洗好的红豆加水，用锅蒸煮熟，取出翻拌，再蒸至可用手捏烂的状态。

② 放入干炒锅中，加入其他材料**B**拌炒至最后重量（约 303g）。

③ 用均质机搅打均匀即可。

# 牧场醇奶熟成吐司

## MILK LOAF BREAD

### 材料 （3条分量）

| 液种面团 | 重量 | 比例 |
|---|---|---|
| 昭和先锋高筋面粉 | 185g | 50% |
| 麦芽精 | 1g | 0.3% |
| 奶粉 | 8g | 2% |
| 低糖干酵母 | 0.4g | 0.1% |
| 鲜奶（30℃） | 204g | 55% |

| 主面团 | | 重量 | 比例 |
|---|---|---|---|
| A | 昭和先锋高筋面粉 | 148g | 40% |
| | CDC 法国面包专用粉 | 37g | 10% |
| | 细砂糖 | 56g | 15% |
| | 盐 | 6g | 1.6% |
| | 奶粉 | 8g | 2% |
| | 蛋 | 19g | 5% |
| | 炼乳 | 19g | 5% |
| | 酸奶 | 19g | 5% |
| | 鲜奶 | 19g | 5% |
| | 高糖干酵母 | 4g | 1% |
| B | 无盐黄油 | 37g | 10% |
| 合计 | | 770.4g | 207% |

表面用

全蛋液、黄油

## 配方展现的概念

* 鲜奶含量高达 60%，不使用任何纯水，这会降低面团的吸水效果，面团会较黏，烤焙体积相对变小，所以使用特高筋的先锋面粉作为面团的基本以增加烤焙膨胀性。
* 天然食材不耐烤焙，风味容易流失，使用液种面团先将鲜奶与面粉做充分的熟成，可保留鲜奶原始的风味性。
* 添加 10% CDC 法国面包专用粉，目的为添加灰分质，致使小麦香味与鲜奶的香气相辅相成。

## 基本工序

▼ **液种面团**
所有材料搅拌均匀，搅拌终温 28℃，室温发酵 2 小时，冷藏发酵 18~24 小时。
搅拌前放室内回温 90 分钟至 16℃。

▼ **搅拌面团**
将液种面团与主面团材料Ⓐ慢速搅拌，中速搅拌，加入黄油中速搅拌至完全扩展阶段，终温 28℃。

▼ **基本发酵**
40 分钟，压平排气、翻面，30 分钟。

▼ **分割**
面团 60g/ 颗（4 颗 240g/ 组）。

▼ **中间发酵**
30 分钟。

▼ **整形**
擀卷 2 次（每次后松弛 10 分钟），放入模型。

▼ **最后发酵**
70 分钟。在中间处剪出刀口，挤上黄油。

▼ **烘烤**
入炉烤 15 分钟（170℃ / 230℃），转向，烤 8~10 分钟。

## 做法

### 预备作业

1

准备模型，适用面团重量 250g（作者用 SN2151，底长 17cm 宽 7.3cm，高 7.5cm。容积/3.72=适用面团重量）。

### 液种面团

2

所有材料搅拌混合均匀（搅拌终温 28℃）。

3

室温发酵 2 小时，冷藏发酵 18~24 小时。搅拌前放室内回温约 90 分钟至 16℃。

**TIPS**

常温发酵可使酵母充分发挥作用，让小麦粉风味和鲜奶更加融合、熟成。

### 主面团

4

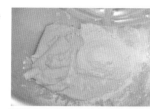

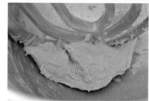

将主面团材料🅐慢速搅拌混合，再加入液种面团，继续搅拌至拾起阶段。

5

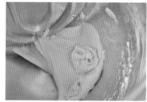

**延展面团确认状态**

转中速搅拌至光滑、面筋形成。

6

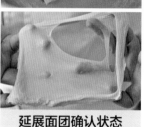

**延展面团确认状态**

加入黄油，中速搅拌至完全扩展阶段（终温 28℃）。

### 基本发酵，压平排气

7

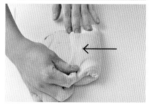

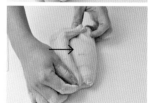

面团整理至表面光滑并按压至厚度平均，基本发酵约 40 分钟。倒扣容器让面团落下。由左、右侧朝中间折叠。

8

再由内侧朝中折叠，再朝外折叠。平整排气，继续发酵约 30 分钟。

## 分割，中间发酵

9

面团分割成 60g/ 颗。将面团往底部确实收合，滚圆。进行中间发酵约 30 分钟。

## 整形，最后发酵

10

将面团轻拍压。

11

横向放置，由前端反折按压，往后卷起，收合于底，收整成型，松弛约 10 分钟。

12

纵向放置，擀压成片状，翻面，再卷起至底成圆筒状，松弛约 10 分钟。

13

面团以 4 个为组，收口朝下，卷好的尾端朝向中间，放置模型中。

14

最后发酵约 70 分钟（温度 32℃／湿度 80%）至九分满。

15

表面薄刷全蛋液，剪出 4 直线刀口，并在切口中挤入黄油。

## 烘烤

16

放入烤箱，以上火 170℃／下火 230℃烤约 15 分钟，转向，烤约 8~10 分钟。出炉，脱模。

# 蜜恋紫芋地瓜
## PURPLE SWEET POTATO BREAD

**材料** （3条分量）

| 液种面团 | 重量 | 比例 |
| --- | --- | --- |
| 高筋面粉 | 108g | 30% |
| 细砂糖 | 7g | 2% |
| 盐 | 0.7g | 0.2% |
| 鲜奶 | 18g | 5% |
| 水 | 108g | 30% |
| 高糖干酵母 | 0.4g | 0.1% |

| 主面团 | 重量 | 比例 |
| --- | --- | --- |
| A 高筋面粉 | 252g | 70% |
| 细砂糖 | 29g | 8% |
| 盐 | 4g | 1% |
| 蛋 | 36g | 10% |
| 炼乳 | 18g | 5% |
| 蜂蜜 | 11g | 3% |
| 蜂蜜紫薯馅→ P.151 | 90g | 25% |
| 水 | 47g | 13% |
| 高糖干酵母 | 4g | 1% |
| B 无盐黄油 | 36g | 10% |
| 合计 | 769.1g | 213.3% |

内馅用（每条）

| 蜂蜜紫薯馅 | 70g |
| --- | --- |

## 配方展现的概念

\* 拌入面团中的紫薯馅与内馅是相同的，唯独拌入面团中的紫薯馅必须均质得更细致，有助于面团的烤焙膨胀。

\* 液种面团建议使用蛋白质含量介于 12%~13% 的高筋面粉，不建议使用特高筋面粉。

**基本工序**

▼ **液种面团**
所有材料搅拌混合均匀，搅拌终温 30℃，室温发酵 2 小时，冷藏发酵 12~18 小时。搅拌前放室内回温约 90 分钟至 16℃。

▼ **搅拌面团**
液种面团与主面团材料🅐慢速搅拌，中速搅拌，加入黄油中速搅拌至完全扩展，终温 26℃。

▼ **基本发酵**
40 分钟，压平排气、翻面，30 分钟。

▼ **分割**
面团 240g/ 颗。

▼ **中间发酵**
30 分钟。

▼ **整形**
擀长，底部划 5 刀，抹上蜂蜜紫薯馅，卷起，放入模型。

▼ **最后发酵**
80 分钟。筛洒奶粉。

▼ **烘烤**
入炉烤 15 分钟（170℃ / 230℃），转向，烤 10~12 分钟。

**做法**

## 预备作业

1

准备模型，适用面团重量250g（作者用SN2151，底长17cm宽7.3cm，高7.5cm。容积/3.72=适用面团重量）。

## 液种面团

2

所有材料搅拌混合均匀（搅拌终温30℃）。

3

室温发酵2小时，冷藏发酵12~18小时。搅拌前放室内回温约90分钟至16℃。

**TIPS**
常温发酵可使酵母充分发挥作用，让小麦粉风味和鲜奶更加融合、熟成。

## 主面团

4

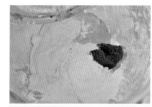

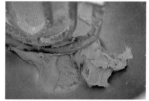

**延展面团确认状态**

将主面团材料Ⓐ慢速搅拌混合，再加入液种面团继续搅拌至拾起阶段，转中速搅拌至光滑、面筋形成。

5

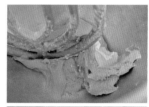

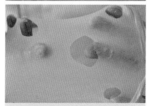

**延展面团确认状态**

加入黄油，中速搅拌至完全扩展阶段（终温26℃）。

6

收合面团，整理至表面光滑并按压至厚度平均。

## 基本发酵，压平排气

7

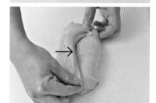

面团进行基本发酵约40分钟。倒扣容器让面团自然落下。由左、右侧朝中间折叠，再由内侧朝中折叠，再朝外折叠。

8

平整排气，继续发酵约 30 分钟。

## 分割，中间发酵

9

面团分割成 240g/ 颗，再将面团往底部确实收合，滚圆，进行中间发酵约 30 分钟。

## 整形，最后发酵

10

将面团对折，收合捏紧，转向纵放，轻拍延展拉长。

11

面团擀压成片状，翻面，将四边端按压延展开。

12

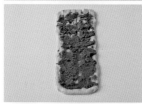

在己侧 1/2 的面皮上切划 5 刀至底。在整张面皮上抹蜂蜜紫薯馅（70g），将面皮由前端卷起，收合于底。

13

面团收口朝下放入模型中，进行最后发酵约 80 分钟。在表面筛洒奶粉。

## 烘烤

14 放入烤箱，以上火 170℃ / 下火 230℃ 烤约 15 分钟，转向，烤 10~12 分钟。出炉，脱模。

— 风味内馅 —

### 蜂蜜紫薯馅

| 材料 | 重量 | 比例 |
|---|---|---|
| 紫薯（蒸熟） | 318g | 79.6% |
| 细砂糖 | 20g | 4.85% |
| 黄油 | 23g | 5.82% |
| 蜂蜜 | 20g | 4.85% |
| 奶粉 | 20g | 4.9% |
| 合计 | 401g | 100% |

**做法**

将黄油、砂糖搅拌至融合，加入捣压成泥的紫薯、其余材料，混合拌匀即可。

# 藜麦穗香小山峰

RED QUINOA CHEESE BREAD

## 材料 （3条分量）

| 液种面团 | 重量 | 比例 |
|---|---|---|
| 高筋面粉 ※ | 108g | 30% |
| 细砂糖 | 7g | 2% |
| 盐 | 0.7g | 0.2% |
| 鲜奶 | 18g | 5% |
| 水 | 108g | 30% |
| 低糖干酵母 | 0.4g | 0.1% |

| 主面团 | 重量 | 比例 |
|---|---|---|
| A 高筋面粉 ※ | 252g | 70% |
| 　细砂糖 | 47g | 13% |
| 　盐 | 6g | 1.8% |
| 　奶粉 | 11g | 3% |
| 　藜麦粉 | 11g | 3% |
| 　鲜奶 | 47g | 13% |
| 　动物性淡奶油 | 36g | 10% |
| 　蛋 | 54g | 15% |
| 　高糖干酵母 | 4g | 1% |
| B 无盐黄油 | 36g | 10% |
| 　煮熟红藜 | 36g | 10% |
| 合计 | 782.1g | 217.1% |

编者注：※ 作者使用的是台湾小麦风味粉，其特性见 P.13。

### 内馅用（每条）

| | |
|---|---|
| 红藜奶酪馅 | 90g |

### 表面用

盐之花

## 配方展现的概念

* 在液种面团配方中，纯水的量若高于其他液态材料的量，则可添加 0.2% 烘焙比的盐来避免种面团因长时间发酵，产生酸化的结果。在这里，液种面团配方中水为 30% 烘焙比，鲜奶为 5% 烘焙比，故会搭配盐来制作；相反地，若鲜奶为 30%，水为 5%，则不必添加盐。
* 配方中所有的动物性淡奶油，除非有特别标示使用 38% 脂肪含量的，否则一律建议使用 35% 脂肪含量的。
* 面团中有红藜等麦类成分，搭配动物性淡奶油可柔化组织与口感。

## 基本工序

### ▼ 液种面团

所有材料搅拌混合均匀，搅拌终温 30℃，室温发酵 2 小时，冷藏发酵 12~18 小时，搅拌前放室内回温约 90 分钟至 16℃。

### ▼ 搅拌面团

将液种面团与主面团材料Ⓐ慢速搅拌，中速搅拌，加入黄油、红藜，中速搅拌至完全扩展阶段，终温 27℃。

### ▼ 基本发酵

30 分钟，压平排气、翻面，30 分钟。

### ▼ 分割

面团 80g/ 颗（3 颗 240g/ 组）。

### ▼ 中间发酵

30 分钟。

### ▼ 整形

擀长，分 3 处抹上红藜奶酪馅，卷起，放入模型。

### ▼ 最后发酵

70 分钟。刷上蛋液、洒上盐之花。

### ▼ 烘烤

入炉烤 15 分钟（170℃ / 230℃），转向，烤 10~12 分钟。

**做法**

## 预备作业

### 1

准备模型，适用面团重量250g（作者用 SN2151，底长 17cm 宽 7.3cm，高 7.5cm。容积 /3.72= 适用面团重量）。

## 液种面团

### 2

所有材料搅拌混合均匀（搅拌终温 30℃）。

### 3

室温发酵 2 小时。

### 4

冷藏发酵 12~18 小时。搅拌前放室内回温约 90 分钟至16℃。

## 主面团

### 5

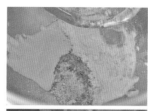

**延展面团确认状态**

将主面团材料Ⓐ慢速搅拌混合，加入液种面团，继续搅拌至拾起阶段，转中速搅拌至光滑、面筋形成。

### 6

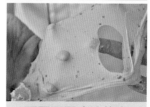

**延展面团确认状态**

加入黄油、熟红藜，中速搅拌至完全扩展阶段（搅拌终温 27℃）。

### 7

收合面团。

## 基本发酵，压平排气

### 8

面团整理至表面光滑并按压至厚度平均，基本发酵约30 分钟。倒扣出面团。

### 9

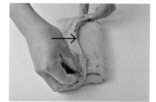

由左、右侧朝中间折叠，再由内侧朝中折叠，再朝外折叠。

10

平整排气，继续发酵约 30 分钟。

## 分割，中间发酵

11

面团分割成 80g/ 颗。将面团往底部确实收合，滚圆，进行中间发酵约 30 分钟。

## 整形，最后发酵

12

将面团对折、收合，轻拍稍延展拉长，擀压成片状，翻面，稍按压开底部边端。

13

在面团前、中、后 3 处各挤上红藜奶酪馅（10g/ 处）。将前端面团朝内覆盖馅料，卷起至底。

14

面团以 3 个为组，收口朝下，放置模型中，最后发酵约 70 分钟，表面涂刷蛋液、撒上盐之花。

## 烘烤

15  放入烤箱，以上火 170℃ / 下火 230℃ 烤约 15 分钟，转向烤 10~12 分钟。出炉，脱模。

—— 风味内馅 ——

# 红藜奶酪馅

| 材料 | 重量 | 比例 |
|---|---|---|
| 奶油奶酪 | 218g | 72.6% |
| 糖粉 | 33g | 10.9% |
| 红藜（煮熟）* | 50g | 16.5% |
| 合计 | 301g | 100% |

\* 将带壳红藜加 1.5 倍的水，蒸熟。

**做法**

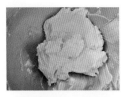

① 奶油奶酪、糖粉用慢速搅拌混合至糖溶解。

② 加入熟红藜混合拌匀即可。

# 佃煮黑糖核桃

WALNUTS WITH BROWN SUGAR BREAD

## 材料 （3条分量）

| 液种面团 | 重量 | 比例 |
|---|---|---|
| 昭和先锋高筋面粉 | 123g | 30% |
| 黑糖 | 8g | 2% |
| 盐 | 0.8g | 0.2% |
| 低糖干酵母 | 0.8g | 0.2% |
| 鲜奶 | 144g | 35% |

| 主面团 | | 重量 | 比例 |
|---|---|---|---|
| A | 昭和先锋高筋面粉 | 123g | 30% |
| | 昭和霓虹吐司专用粉 | 164g | 40% |
| | 细砂糖 | 29g | 7% |
| | 盐 | 5g | 1.2% |
| | 奶粉 | 12g | 3% |
| | 蛋 | 41g | 10% |
| | 佃煮黑糖浆 | 53g | 13% |
| | 水 | 49g | 12% |
| | 低糖干酵母 | 4g | 1% |
| B | 无盐黄油 | 41g | 10% |
| 合计 | | 797.6g | 194.6% |

| 佃煮黑糖浆 | 重量 | 比例 |
|---|---|---|
| 水 | 195g | 28.01% |
| 黑糖 | 485g | 69.19% |
| 麦芽糖 | 20g | 2.8% |
| 合计 | 700g | 100% |

## 内馅用（每条）

| | |
|---|---|
| 黑糖块 | 36g |
| 核桃 | 15g |

## 配方展现的概念

\* 佃煮黑糖浆浓稠，在搅拌面团时容易致使面筋紧缩，要特别注意搅拌终温，因此在水的部分建议搭配使用冰块来避免搅拌温度过高。

\* 液种面团中的黑糖可先与鲜奶加热至 60~70℃进行溶化，待降温后再一起用于制作液种。

## 基本工序

▼ **液种面团**
　　所有材料搅拌混合均匀，终温 28℃，
　　室温发酵 2 小时，冷藏发酵 18~24 小时。
　　搅拌前放室内回温约 90 分钟至 16℃。

▼ **搅拌面团**
　　将液种面团与主面团材料Ⓐ慢速搅拌，中速搅拌，
　　加入黄油中速搅拌至完全扩展，终温 27℃。

▼ **基本发酵**
　　50 分钟，压平排气、翻面，30 分钟。

▼ **分割**
　　面团 250g/ 颗。

▼ **中间发酵**
　　30 分钟。

▼ **整形**
　　擀长，由上而下 3 处放上黑糖块、核桃，
　　卷起（长约 14cm），放入模型。

▼ **最后发酵**
　　90 分钟。刷上全蛋液，斜划 3 刀口。

▼ **烘烤**
　　入炉烤 15 分钟（170℃ / 230℃），转向，烤 8~10
　　分钟。

**做法**

## 预备作业

1

准备模型，适用面团重量 250g（作者用 SN2151）。

## 佃煮黑糖浆

2

将所有材料用中小火熬煮至浓稠状态，700g 食材熬煮浓缩至约 350g 即可。

**TIPS**

煮好多余的黑糖浆放置常温密封保存约 1 个月，使用前隔水加热还原成液态即可。

## 液种面团

3

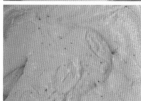

所有材料搅拌混合均匀（搅拌终温 28℃），室温发酵 2 小时，冷藏发酵 18~24 小时。搅拌前放室内回温约 90 分钟至 16℃。

## 主面团

4

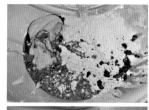

**延展面团确认状态**

将主面团材料 Ⓐ 慢速搅拌混合，再加入液种面团继续搅拌至拾起阶段，转中速搅拌至光滑、面筋形成。

5

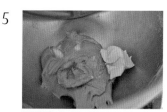

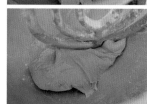

**延展面团确认状态**

加入黄油，中速搅拌至完全扩展阶段（终温 27℃）。

## 基本发酵，压平排气

6

面团整理至表面光滑并按压至厚度平均，进行基本发酵约 50 分钟，倒扣出面团。

7

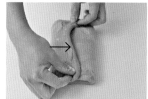

由左、右侧朝中间折叠，再由内侧朝中折叠，再朝外折叠。

8

平整排气，继续发酵约 30 分钟。

## 分割，中间发酵

9 面团分割成 250g/ 颗。将面团往底部确实收合，滚圆，进行中间发酵约 30 分钟。

## 整形，最后发酵

10

将面团均匀轻拍，翻面，按压开己侧边端，由前侧卷起至底，收合捏紧接合处。

11

将面团轻拍稍延展拉长，擀压成片状，翻面，稍按压开 4 个边端。

12

在面团前、中、后三个位置各放上黑糖块 12g、核桃 5g，将前侧面团朝内覆盖馅料，卷起。

13

卷至底，收合。

14

面团收口朝下，放置模型中，最后发酵约 90 分钟。表面涂刷全蛋液，斜划 3 刀口。

## 烘烤

15 入烤箱以上火 170℃ / 下火 230℃ 烤约 15 分钟，转向烤 8~10 分钟。出炉，脱模。

# TOAST 5

### 新旧面团混合的效力

# 法国老面

从熟成的法国面团中撷取部分，以常见 20% 左右的烘焙比例
（配方外割法的比例可取 10%~70%；配方内割法的比例可取 10%~40%），
与新面团混合搅拌的制法。
加入老面团可促使新面团快速发酵成熟，
缩短制作时间，也能提升面团的延展性和风味。
长时间发酵可使黏糊且柔软的面团熟成，
加入老面团制成的面包，带有馥郁的独特香气与酸味。

# F

## 葡萄菌液

| 材料 | 重量 | 比例 |
| --- | --- | --- |
| 葡萄干 | 122g | 24.3% |
| 矿泉水（28℃） | 365g | 73% |
| 细砂糖 | 8g | 1.46% |
| 蜂蜜 | 6g | 1.21% |
| 合计 | 501g | 100% |

**做法**

1 矿泉水、细砂糖、蜂蜜搅拌溶解，加入葡萄干混合拌匀。

2 密封、盖紧瓶盖，在室内（约28~30℃）静置发酵。

3 每天先轻摇晃瓶子让葡萄干分布开，再打开瓶盖释出瓶内的气体，接着再盖紧放置室内发酵。重复操作约5~7天。

### 发酵过程状态

4 发酵第1天。

5 第2天。

6 第3天。

7 第4~5天。

8 第6天。重复操作约5~7天后，沉在瓶底的葡萄干因吸水膨胀都会往上浮起，会冒出许多泡泡，并散发出水果酒般的发酵香气。

9 第7天。完成葡萄菌液！用网筛压住葡萄干，将葡萄菌液滤取出，即可使用。

**TIPS**

· 未用菌液密封好冷藏，约可放1个月；葡萄干渣可放速冻室保存备用。
· 葡萄菌液不必做成酵种就能直接使用。

# G

## 法国老面

| 材料 | 重量 | 比例 |
|---|---|---|
| 鸟越法国面包专用粉 | 300g | 100% |
| 麦芽精 | 1g | 0.3% |
| 低糖干酵母 | 2g | 0.6% |
| 水 | 210g | 70% |
| 盐 | 14g | 2% |
| 合计 | 527g | 172.9% |

**做法**

1

低糖酵母先用约 5 倍的水溶解。

2

将酵母水与其他将所有材料（盐除外）放入搅拌缸慢速搅拌混合。

3

搅拌至面团拾起阶段。

4

加入盐，搅拌混合均匀。

5

至成延展性良好的面团（完成面温 24℃）。

6

室温发酵 60 分钟，轻拍压平排气，翻面整合面团，再冷藏发酵（约 5 ℃）约 18~24 小时。

7

发酵过程状态，第 1 天。

8

发酵过程状态，第 2 天。

**TIPS**

若前面有制作法国面包，可直接将当日剩余的法国面团冷藏保存，隔日作为老面使用。

桑椹脆皮吐司

MULBERRY ENGLISH BREAD

# 桑椹脆皮吐司
## MULBERRY ENGLISH BREAD

### 配方展现的概念

* 桑椹粉造色，但相对面粉的比例建议最高不超过
  3%，避免颜色过深，以及影响烤焙膨胀性。
* 法国老面比例可调整至相对面粉的 50%，每增加
  10% 法国老面，则法国面包专用粉比例下修 6%，
  水的比例下修 4%，其余食材比例不变。法国老面比
  例越高，小麦粉风味越强。

### 材料 （3 条分量）

| 面团 | | 重量 | 比例 |
|---|---|---|---|
| A | 高筋面粉 | 329g | 47% |
| | 鸟越法国面包专用粉 | 350g | 50% |
| | 桑椹粉 | 14g | 2% |
| | 黄砂糖 | 14g | 2% |
| | 盐 | 14g | 2% |
| | 奶粉 | 14g | 2% |
| | 麦芽精 | 4g | 0.5% |
| | 低糖干酵母 | 5g | 0.7% |
| | 水 | 490g | 70% |
| | 法国老面→ P.162 | 70g | 10% |
| B | 无盐黄油 | 21g | 3% |
| | 酒渍桑椹干→ P.165 | 245g | 35% |
| 合计 | | 1570g | 224.2% |

### 外层面皮

| | |
|---|---|
| 法国老面→ P.162 | 100g × 3 |

### 基本工序

▼ **搅拌面团**
  面团材料Ⓐ慢速搅拌，
  中速搅拌至八分筋，加入黄油中速搅拌，加入桑葚
  干拌匀，终温 24℃。

▼ **基本发酵**
  60 分钟，压平排气、翻面，30 分钟。

▼ **分割**
  主面团 500g/ 颗。外层面团 100g/ 颗。

▼ **中间发酵**
  30 分钟。

▼ **整形**
  面团折叠、搓揉成橄榄形。

▼ **最后发酵**
  100 分钟，至顶部高出模具约 1cm。
  筛撒高筋面粉，斜划 2 刀纹。

▼ **烘烤**
  入炉（180℃ / 260℃），喷蒸汽少量 1 次，
  3 分钟后喷大量蒸汽 1 次，烤约 23 分钟。

**做法**

## 预备作业

1

准备吐司模型 SN2052。

## 酒渍桑椹干

2

桑椹干 249g(83%)、桑椹酒 51g(17%)混合搅拌后浸渍，每天翻拌，约 3 天后使用。

## 外层面皮

3　法国老面制作参见 P.162，分割成每个 100g。

## 搅拌面团

4

将法国老面等面团材料Ⓐ慢速搅拌混合，继续搅拌至拾起阶段。

5

**延展面团确认状态**

转中速搅拌至光滑、面筋形成（约八分筋）。

6

**延展面团确认状态**

加入黄油，中速搅拌至九分筋。

7

加入酒渍桑椹干，慢速混合拌匀（搅拌终温 24℃）。

8

整合面团，整理至表面光滑圆球状。

## 基本发酵，翻面排气

9

面团整理后，基本发酵约 60 分钟。倒扣容器使面团自然落下。

10

由左右侧各朝中间折 1/3。

11

再由内侧朝中折叠，再朝外折叠。

12

平整排气，继续发酵约 30 分钟。

**TIPS**

使面团厚度均匀，发酵的效果就容易一致。

## 分割，中间发酵

13

面团分割成 500g/ 颗，轻拍排出空气。

14

将面团对折，转向再对折，往底部确实收合，滚圆，进行中间发酵约 30 分钟。

## 整形，最后发酵

15 ■

将面团对折，收合于底，轻拍压排出空气，转向纵放。

16

由内侧朝中间折入 1/3，并以手指朝下按压。

17

再由外侧朝中间折入 1/3，并以手指朝下按压，压实接合处。

18

再对折面团，按压收口确实黏合。

19

**底部收合口确实密合**

搓揉两端轻滚动，整成橄榄状。

20

取法国老面（100g）擀平，翻面，延展整成四方形。

21

将桑椹面团收口朝上，放置法国面皮中间，从一侧边提拉面皮包覆主面团，再滚动面团使其被完全包覆。

22

捏紧收合于底，整形两侧边。

23

收口朝下放入模型中，最后发酵约100分钟（温度32℃／湿度80%）至面团顶部高出模型约1cm。

24

筛洒上高筋面粉，斜划2刀纹。

## 烘烤

25

面团放入烤箱（炉内不放层架，贴炉烘烤），上火180℃／下火260℃，喷蒸汽少量1次，3分钟后喷大量蒸汽1次，烤约23分钟。出炉，脱模。

# 超 Q 软微酵葡萄

## SOFT RAISIN MULTIGRAIN BREAD

**材料** （3条分量）

| 隔夜种面团 | 重量 | 比例 |
|---|---|---|
| 高筋面粉 | 170g | 50% |
| 葡萄菌水干渣→ P.161 | 34g | 10% |
| 水 | 99g | 29% |

| 主面团 | 重量 | 比例 |
|---|---|---|
| **A** 高筋面粉 | 68g | 20% |
| 昭和霓虹吐司专用粉 | 102g | 30% |
| 细砂糖 | 11g | 3% |
| 盐 | 7g | 2% |
| 奶粉 | 7g | 2% |
| 低糖干酵母 | 3g | 0.8% |
| 水 | 126g | 37% |
| 法国老面→ P.162 | 68g | 20% |
| **B** 无盐黄油 | 11g | 3% |
| 酒渍葡萄干→ P.30 | 102g | 30% |
| 合计 | 808g | 236.8% |

**内馅、表面用（每条）**

| | |
|---|---|
| 酒渍葡萄干→ P.30 | 40g |
| 白芝麻 | 适量 |

## 配方展现的概念

* 葡萄菌水干渣亦含少量葡萄菌水和天然酵母菌，用来制作隔夜种，可让面包烤出后，留有葡萄天然风味。

* 从葡萄菌水中滤出的葡萄菌水干渣，可装入密封袋（排出多余空气）再保存，冷藏可保存 7 天，冷冻可保存达 6 个月 ( 包装密封状态 )。

## 基本工序

**▼ 前置作业**

制作隔夜种，慢速搅拌材料成团，终温 28℃，室温静置 3 小时，冷藏发酵 20 小时左右。

**▼ 搅拌面团**

隔夜种、法国老面与其他主面团材料Ⓐ慢速搅拌，
中速搅拌至八分筋，加入黄油中速搅拌至完全扩展阶段，加入酒渍葡萄干混匀，终温 28℃。

**▼ 基本发酵**

40 分钟，压平排气、翻面，30 分钟。

**▼ 分割**

面团 250g/ 颗。

**▼ 中间发酵**

30 分钟。

**▼ 整形**

面团擀平，包裹酒渍葡萄干 40g，卷成圆筒状，表面沾水、白芝麻，切划菱形纹，放入模型中。

**▼ 最后发酵**

70 分钟（温度 32℃ / 湿度 80%）。

**▼ 烘烤**

入炉烤 15 分钟（180℃ / 230℃），转向烤约 8 分钟。

## 做法

### 预备作业

1

准备模型，适用面团重量250g（作者用SN2151）。

### 隔夜种

2

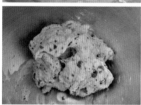

所有材料慢速搅拌至成团光滑（搅拌终温28℃），室温下静置约3小时，再冷藏发酵约16~24小时。

### 主面团

3

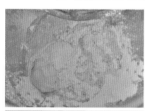

将主面团材料Ⓐ慢速搅拌混合。

4

加入隔夜种面团，继续搅拌至拾起阶段。

5

**延展面团确认状态**

转中速搅拌至光滑、面筋形成（约八分筋）。

6

**延展面团确认状态**

加入黄油，中速搅拌至完全扩展阶段（终温28℃）。

7

将面团延展整成四方形，在一侧铺放酒渍葡萄干，再将另一侧面团折过来覆盖。将面团对切，叠放，再对切，叠放，重复操作，至果干混合均匀。

**TIPS**

面团粉重3kg以上者果干可直接用慢速搅拌匀；若粉少于3kg，可用切拌的方式混合，较不会弄碎果干。

## 基本发酵，压平排气

8

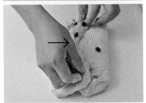

将面团整理成表面光滑的圆球状，进行基本发酵约40分钟，从容器轻取出面团，由左、右侧朝中间折叠，再由内侧朝中折叠，再朝外折叠，平整排气，继续发酵约30分钟。

## 分割，中间发酵

9

面团分割成250g/颗，将面团往底部确实收合，滚圆，进行中间发酵约30分钟。

## 整形，最后发酵

10

将面团沾少许手粉，对折，收合于底，纵向放置，延展拉长，擀压成长片状，翻面，按压延展开底部边端。

11

铺放上酒渍葡萄干（约40g），由前端卷起至底，捏紧接合处。

12

面团表面喷上水雾，沾上白芝麻，收合口朝下放置模型中，进行最后发酵约70分钟，表面切划上菱形纹。

## 烘烤

13 放入烤箱，以上火180℃／下火230℃烤约15分钟，转向再烤约8分钟。出炉，脱模。

# 吐司好芒

## MANGO BREAD

### 材料 （3条分量）

| 麦香水解种 | 重量 | 比例 |
|---|---|---|
| 日清哥雷特高筋面粉[①] | 36g | 10% |
| 黄金麦粉[②] | 54g | 15% |
| 水 | 108g | 30% |
| 麦芽精 | 2g | 0.3% |

| 面团 | | 重量 | 比例 |
|---|---|---|---|
| A | 日清哥雷特高筋面粉[①] | 380g | 50% |
| | 昭和霓虹吐司专用粉 | 108g | 30% |
| | 细砂糖 | 29g | 8% |
| | 盐 | 7g | 1.8% |
| | 蛋 | 36g | 10% |
| | 动物性淡奶油 | 36g | 10% |
| | 水 | 72g | 20% |
| | 低糖干酵母 | 4g | 1% |
| | 法国老面→ P.162 | 72g | 20% |
| B | 橄榄油 | 11g | 3% |
| | 无盐黄油 | 29g | 8% |
| 合计 | | 784g | 217.1% |

编者注：
①本款面粉参数见 P.13，读者如买不到此款可参考替代。
②黄金麦粉由全麦面粉和高纤面包改良剂、谷物香料等组成。如读者购买不到，可用全麦面粉代替。

### 表面用（每条）

| 酒渍芒果干→ P.175 | 40g |
|---|---|

## 配方展现的概念

\* 以配方内割法将小麦粉、黄金麦粉先进行水解熟成。
\* 加入 3% 橄榄油可润化麦粉里麦麸的粗糙感。

### 基本工序

▼ **麦香水解种**
将所有材料搅拌混合，终温 32℃，室温浸泡 16~24 小时。

▼ **搅拌面团**
将所有材料 Ⓐ 慢速搅拌，加入麦香水解种慢速搅拌，转中速搅拌至光滑，加入材料 Ⓑ 中速搅拌，终温 26℃。

▼ **基本发酵**
40 分钟，压平排气、翻面，30 分钟。

▼ **分割**
面团 120g/ 颗（2 颗 240g/ 组）。

▼ **中间发酵**
30 分钟。

▼ **整形**
面团擀长，铺放上酒渍芒果干，卷起，2 个为组，每个对切，放入模型中。

▼ **最后发酵**
70 分钟。刷上蛋液。

▼ **烘烤**
15 分钟（170℃ / 240℃），转向，续烤 10 分钟。

**做法**

## 预备作业

1

准备模型，适用面团重量250g（作者用SN2151，底长17cm宽7.3cm，高7.5cm）。

## 麦香水解种

2

将所有材料搅拌混合（搅拌终温32℃），室温浸泡16~24小时。

## 搅拌面团

3

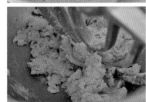

将面团材料Ⓐ慢速搅拌混合。

4

再加入麦香水解种，继续搅拌至拾起阶段。

5

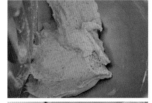

**延展面团确认状态**

转中速搅拌至光滑、面筋形成（约八分筋）。

6

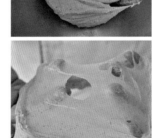

**延展面团确认状态**

加入黄油，中速搅拌至完全扩展阶段（终温26℃）。

## 基本发酵，翻面排气

7

面团整理至表面光滑并按压至厚度平均，进行基本发酵约40分钟。

8

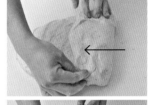

取出面团，由左、右侧朝中间折叠，再由内侧朝中折叠，再朝外折叠，平整排气，继续发酵约30分钟。

## 分割，中间发酵

9　面团分割成 120g/ 颗，往底部确实收合，整成椭圆状，中间发酵约 30 分钟。

## 整形，最后发酵

10

将面团对折，收合于底，纵向放置，延展拉长，擀压成长片状，翻面，按压延展开底部边端。

11

均匀铺放上酒渍芒果干（约40g）。由前端卷起至底，成圆筒状，捏紧接合处，对切成半。

12

以 2 个对切面团为组，断面朝上放置模型中，最后发酵约 70 分钟，表面刷上蛋液。

**TIPS**

模型的两长侧须预留与面团 0.3~0.5cm 的距离，避免烤焙时因面团膨胀挤压造成面包表面撕裂。

## 烘烤、组合

13

放入烤箱，以上火 170℃ /下火 240℃ 烤约 15 分钟，转向，续烤约 10 分钟。出炉，脱模，刷上镜面果胶。

──── 风味用料 ────

# 酒渍芒果干

| 材料 | 重量 | 比例 |
| --- | --- | --- |
| 芒果干 | 240g | 80% |
| 芒果酒 [※] | 60g | 20% |
| 合计 | 300g | 100% |

编者注：※ 作者采用台湾二林镇产品。

**做法**

芒果干与芒果酒浸泡，每天在固定时间翻动，连续约 3 天后再使用。

# 七味枝豆

## GREEN SOYBEAN BREAD

**材料** （3 条分量）

### 面团

| | | 重量 | 比例 |
|---|---|---|---|
| A | 高筋面粉 | 234g | 60% |
| | CDC 法国面包专用粉 | 156g | 40% |
| | 麦芽精 | 2g | 0.4% |
| | 水 | 270g | 69% |
| B | 低糖干酵母 | 2g | 0.5% |
| | 细砂糖 | 8g | 2% |
| | 盐 | 8g | 2% |
| | 法国老面→ P.162 | 78g | 20% |
| C | 无盐黄油 | 8g | 2% |
| 合计 | | 766g | 195.9% |

### 毛豆内馅（每条）

| | |
|---|---|
| 毛豆 | 100g |
| 黑胡椒粉 | 3g |

### 表面用

酱汁→ P.179
七味唐辛子

## 配方展现的概念

* 加入 2% 的砂糖、黄油可改善因南方潮湿气候环境造成法式面包表皮回软、口感过于强韧的状况。
* 利用高筋面粉的比例搭配，增强组织嚼劲，表皮也不会太脆裂而有硬面包皮刺舌的口腔疼痛感。

## 基本工序

▼ **搅拌面团**

将高筋面粉、法国粉、麦芽精、水慢速搅拌，停止，终温 16~18℃，进行自我分解 20 分钟。加入酵母水慢速搅拌，转中速搅拌至七分筋，加入法国老面、细砂糖慢速搅拌，加入盐快速搅拌，加入黄油中速搅拌至九分筋，终温 24℃。

▼ **基本发酵**

60 分钟，压平排气、翻面，30 分钟。

▼ **分割**

面团 240g/ 颗。

▼ **中间发酵**

30 分钟。

▼ **整形**

轻拍成长形，底部 1/3 处擀薄，铺上毛豆内馅，卷起，放入模型中。

▼ **最后发酵**

100 分钟（温度 32℃ / 湿度 80%），至面团顶部高出模具约 0.5cm。

▼ **烘烤**

入炉（180℃ / 260℃），喷蒸汽少量 1 次，3 分钟后喷大量蒸汽 1 次，烤约 22 分钟，涂刷酱汁，洒上七味唐辛子。

**做法**

## 预备作业

1

准备模型，适用面团重量250g（作者用SN2151，底长17cm宽7.3cm，高7.5cm。容积/3.72=适用面团重量）。

## 搅拌面团

2

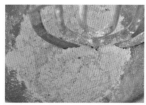

采用自我分解法。将麦芽精、水混合拌匀，加入法国粉、高筋面粉慢速搅拌混合至无粉粒。

3

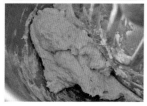

停止搅拌，终温16~18℃，进行自我分解20分钟。加入低糖干酵母水（酵母用5倍的水溶解），慢速搅拌。

4

**延展面团确认状态**

转中速搅拌至光滑、面筋形成（七分筋）。

5

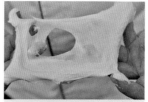

**延展面团确认状态**

加入法国老面、细砂糖慢速搅拌，加入盐快速搅拌，加入黄油中速搅拌至九分筋（搅拌终温24℃）。

6

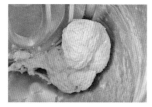

整理收合面团至表面光滑的圆球状。

## 基本发酵，翻面排气

7

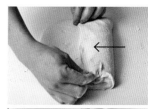

面团整理后进行基本发酵约60分钟，倒扣出面团，由左、右侧朝中间折叠。

8

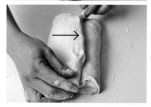

再由内侧朝中折叠，再朝外折叠。

9

平整排气，继续发酵约30分钟。

**TIPS**

使面团厚度均匀，发酵的效果就容易一致。

## 分割，中间发酵

10

面团分割成 240g/ 颗，将面团对折，往底部确实收合，进行中间发酵约 30 分钟。

## 整形，最后发酵

11

**己侧 1/3 擀平**

将面团均匀轻拍，翻面，将己侧 1/3 部分擀压平。

12

平均铺放毛豆（约 100g）、洒上黑胡椒粉，由前侧往后卷折，收合于底，整形两端。

13

面团收口朝下放置模型中，最后发酵约 100 分钟（温度 32℃ / 湿度 80%），至顶部高出模型约 0.5cm。

## 烘烤，组合

14 放入烤箱（炉内不放层架，贴炉烤），上火 180℃ / 下火 260℃，喷蒸汽少量 1 次，3 分钟后喷大量蒸汽 1 次，烤约 22 分钟。出炉，脱模。

15

立即刷上酱汁，撒上日式七味唐辛子即可。

---

风味用酱

# 酱汁

| 材料 | 重量 | 比例 |
|---|---|---|
| 无盐黄油 | 80g | 80% |
| 酱油 | 17g | 17% |
| 白胡椒粉 | 3g | 3% |
| 合计 | 100g | 100% |

**做法**

将所有材料混合拌匀即可。

# 青酱法国佐山菜

PESTO SAUCE FRANCE BREAD

## 材料 （4 条分量）

| 面团 | 重量 | 比例 |
|---|---|---|
| A 鸟越法国面包专用粉 | 475g | 95% |
| 　裸麦粉（细） | 25g | 5% |
| 　麦芽精 | 2g | 0.3% |
| 　水 | 315g | 63% |
| B 低糖干酵母 | 4g | 0.7% |
| 　青汁酱→ P.183 | 75g | 15% |
| 　法国老面→ P.162 | 150g | 30% |
| 　盐 | 10g | 2% |
| 合计 | 1056g | 211% |

### 内馅用（每条）

| | |
|---|---|
| 山苏[1]（氽烫过） | 4 片 |
| 咸猪肉 | 6 片 |
| 马告[2]细粒 | 少许 |

### 表面用

黑海盐[3]

编者注：
①一种蕨类蔬菜。
②台湾原生香料植物，也称为山胡椒，具有胡椒与姜的气味。
③黑海盐出自塞浦路斯，由无污染的地中海海水经过长时间蒸发和古法制成，口味不死咸。读者如买不到，可用法国盐之花替代。

## 配方展现的概念

* 面团中的裸麦粉带有微酸风味，和马告、山苏的味道相辅相成。
* 青汁酱用量可随个人喜好调降，配方中 15% 为最高值，再高会影响面团的烤焙膨胀性。

## 基本工序

### ▼ 搅拌面团

将法国粉、裸麦粉、麦芽精、水慢速搅拌，终温 16~18℃，进行自我分解 30 分钟，
加入低糖干酵母搅拌，加入青汁酱拌匀，转中速搅拌至光滑，
加入法国老面、盐快速搅拌至九分筋，终温 24℃。

### ▼ 基本发酵

60 分钟，压平排气、翻面，30 分钟。

### ▼ 分割

面团 250g/ 颗。

### ▼ 中间发酵

30 分钟。

### ▼ 整形

面团轻拍成长片状，铺放馅料卷起，放入模型中。

### ▼ 最后发酵

90 分钟，喷水雾、撒上灰海盐，划十字刀口。

### ▼ 烘烤

入炉（180℃ / 250℃），喷蒸汽少量 1 次，
3 分钟后喷大量蒸汽 1 次，烤约 20 分钟。

## 做法

### 预备作业

1

准备模型，适用面团重量
250g（作者用 SN2151，底
长 17cm 宽 7.3cm，高 7.5cm。
容积 /3.72=适用面团重量）。

### 搅拌面团

2

麦芽精、水混合拌匀，加入
法国粉、裸麦粉慢速搅拌混
合至无粉粒。

3

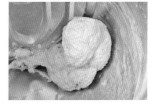

停止搅拌，终温 16~18℃，
进行自我分解 30 分钟。加
入低糖干酵母慢速搅拌。

4

加入青汁酱，混合搅拌至拾
起阶段。

5

**延展面团确认状态**

转中速搅拌至光滑、面筋形
成（七分筋）。

6

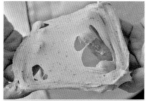

**延展面团确认状态**

加入法国老面、盐，快速
搅拌至九分筋（搅拌终温
24℃）。

7

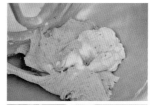

收合面团，整理成表面光滑
的圆球状。

### 基本发酵，翻面排气

8

面团进行基本发酵约 60 分
钟。倒扣容器让面团自然落
下。

9

由左、右侧朝中间折叠，再由
内侧朝中折叠，再朝外折叠。

10

平整排气，继续发酵约 30
分钟。

## 分割，中间发酵

**11**

面团分割成 250g/ 颗。将面团对折，转向再对折，往底部确实收合，滚圆，进行中间发酵约 30 分钟。

## 整形，最后发酵

**12**

将面团对折收合，轻拍压排出空气，翻面。

**13**

转向纵放，按压开己侧边端。

**14**

在表面等距地铺放山苏（4片），相间处再摆放咸猪肉（6片），撒上马告细粒，将前端反折按压，向后卷起，收合于底。

**15**

搓揉两侧按压收口确实黏合，收合口朝下放置模型中。

**16**

最后发酵约 90 分钟，喷水雾，撒上灰海盐，划十字刀口。

## 烘烤

**17** 放入烤箱（炉内不放层架），上火 180℃ / 下火 250℃，喷蒸汽少量 1 次，3 分钟后喷大量蒸汽 1 次，烤约 20 分钟。出炉，脱模。

——— 风味用酱 ———

# 青汁酱

| 材料 | 重量 |
| --- | --- |
| 罗勒（茎 + 叶） | 70g |
| 橄榄油 | 30g |

**做法**

罗勒加入橄榄油，搅拌打至均匀细碎即可。

# 岩烧红酱菇菇

TOMATO SAUCE BREAD WITH MUSHROOM

## 材料（3条分量）

| 中种面团 | 重量 | 比例 |
|---|---|---|
| 高筋面粉 | 238g | 70% |
| 蜂蜜 | 11g | 3% |
| 蛋 | 34g | 10% |
| 鲜奶 | 11g | 3% |
| 高糖干酵母 | 3g | 0.7% |
| 水 | 44g | 13% |
| 牛番茄 | 102g | 30% |

| 主面团 | 重量 | 比例 |
|---|---|---|
| A 法国老面→ P.162 | 68g | 20% |
| 番茄糊 | 68g | 20% |
| 细砂糖 | 34g | 10% |
| 盐 | 6g | 1.8% |
| 高筋面粉 | 102g | 30% |
| 高糖干酵母 | 2g | 0.5% |
| 鲜奶 | 24g | 7% |
| B 无盐黄油 | 34g | 10% |
| 合计 | 781g | 229% |

### 内馅用（每条）

| | |
|---|---|
| 菇菇馅→ P.187 | 50g |
| 奶酪丁 | 15g |

### 表面用（每条）

| | |
|---|---|
| 萨诺趣酱→ P.25 | 20g |
| 帕玛森芝士粉 | 适量 |

## 配方展现的概念

* 番茄 80%~90% 为水分，配方中加入番茄主要为取其富含的茄红营养素，和带给面包的美丽色彩。
* 蔬果含水量因季节有所不同，加入面团使用时，须视实际情况斟酌调节水分比例。

## 基本工序

▼ **中种面团**
中种材料慢速搅拌成团，中速搅拌至光滑，终温 26℃。
基本发酵 40 分钟，压平排气、翻面，30 分钟。

▼ **搅拌面团**
中种面团、主面团材料Ⓐ慢速搅拌，
中速搅拌至 7 分筋，加入材料Ⓑ中速搅拌，终温 28℃。

▼ **松弛发酵**
30 分钟。

▼ **分割**
面团 120g/ 颗（2 颗 240g/ 组）。

▼ **中间发酵**
30 分钟。

▼ **整形**
面团擀平，包入菇菇馅、奶酪丁，卷起，
放入模型。

▼ **最后发酵**
70 分钟（温度 32℃ / 湿度 80%）。洒上芝士粉，挤上萨诺趣酱。

▼ **烘烤**
入炉烤 15 分钟（180℃ / 230℃），转向，烤 8~10 分钟。

**做法**

## 预备作业

1

准备模型，适用面团重量 250g（作者用 SN2151，底长 17cm 宽 7.3cm，高 7.5cm。容积/3.72＝适用面团重量）。

## 中种面团

2

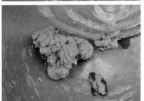

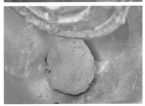

中种面团的所有材料慢速搅拌至拾起阶段，转中速搅拌至光滑成团（搅拌终温 26℃）。

## 基本发酵，翻面排气

3

面团整理至表面光滑圆球状，基本发酵约 40 分钟，轻拍压排出气体，做 3 折 2 次翻面，继续发酵约 30 分钟。

## 主面团

4

将主面团材料Ⓐ慢速搅拌混合，再加入中种面团，继续搅拌至拾起阶段。

5

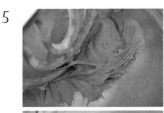

**延展面团确认状态**

转中速搅拌至光滑、面筋形成。

6

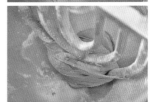

**延展面团确认状态**

再加入黄油，中速搅拌至完全扩展阶段（搅拌终温 28℃）。

## 松弛发酵

7

整理面团至表面光滑紧实，松弛发酵约 30 分钟。

## 分割，中间发酵

8

面团分割成 120g/ 颗，将面团往底部确实收合，整成圆球状，中间发酵约 30 分钟。

## 整形，最后发酵

**9**

将面团对折收合，稍延展拉长，擀压成片状，翻面，按压延展开己侧边端。

**10**

表面铺放上菇菇馅（50g）、奶酪丁（15g），由前端卷起，收合于底。

**11**

面团以2个为组，收口朝下、卷好的尾端朝向中间，放置模型中。

**12**

最后发酵约70分钟（温度32℃／湿度80%）。

**13**

洒上帕玛森芝士粉，挤上萨诺趣酱（40g）。

## 烘烤

**14** 放入烤箱，以上火180℃／下火230℃烤约15分钟，转向，烤约8~10分钟。出炉，脱模。

风味内馅

# 菇菇馅

| 材料 | 重量 | 比例 |
|---|---|---|
| 杏鲍菇 | 170g | 42.3% |
| 蟹味菇 | 58g | 14.4% |
| 金针菇 | 39g | 9.6% |
| 高熔点 | | |
| 奶酪丁 | 127g | 31.7% |
| 黑胡椒 | 8g | 1.92% |
| 合计 | 402g | 100% |

\* 配方中杏鲍菇重量 ×1.5 ＝ 225g，系未炒前的重量。

**做法**

将杏鲍菇用奶油炒过。蟹味菇汆烫。再把所有材料混合拌匀。

# 烟熏露露

## CUTTLEFISH BREAD

### 材料 （3条分量）

| 面团 | 重量 | 比例 |
|---|---|---|
| A 奥本惠法国粉 ※ | 420g | 100% |
| 麦芽精 | 3g | 0.3% |
| 细砂糖 | 8g | 2% |
| 水 | 294g | 70% |
| 低糖干酵母 | 3g | 0.7% |
| 法国老面→ P.162 | 84g | 20% |
| 盐 | 8g | 2% |
| B 墨鱼粉 | 7g | 1.7% |
| 无盐黄油 | 8g | 2% |
| 合计 | 834g | 198.7% |

编者注：※ 本款面粉参数见 P.13，读者如购买不到可参考替代。

### 内馅用（每条）

| | |
|---|---|
| 法式芥末籽酱 | 16g |
| 小鱿鱼（切半） | 1 只 |

### 表面用（每条）

车打芝士丝（或帕玛森芝士丝）

## 配方展现的概念

* 日本奥本制粉的"惠"法国粉制成面包有适度的齿切性和内层组织的柔软度，这样的面粉适合使用于变化款的法国面包。
* 若无法国面包专用粉，也可使用高筋面粉 70%、低筋面粉 30% 来搭配使用。

### 基本工序

▼ **前置作业**

小鱿鱼汆烫过，冷却备用。

▼ **搅拌面团**

面团材料 Ⓐ 慢速搅拌，中速搅拌至七分筋，加入黄油、墨鱼粉中速搅拌，终温 24℃。

▼ **基本发酵**

60 分钟，压平排气、翻面，30 分钟。

▼ **分割**

面团 260g/ 颗。

▼ **中间发酵**

30 分钟。

▼ **整形**

延展成片状，挤上法式芥末籽酱，铺放上对切小鱿鱼，卷折，喷水雾，表面沾芝士丝。

▼ **最后发酵**

90 分钟，斜划 2 刀口。

▼ **烘烤**

入炉（180℃ / 240℃），喷蒸汽少量 1 次，3 分钟后喷大量蒸汽 1 次，烤约 20 分钟。

## 做法

### 预备作业

1

准备模型，适用面团重量 250g（作者用 SN2151，底长 17cm 宽 7.3cm，高 7.5cm。容积 /3.72=适用面团重量）。

### 汆烫小鱿鱼

2 水加盐、加少许白醋煮沸，放入小鱿鱼汆烫过，待冷却，备用。

### 搅拌面团

3

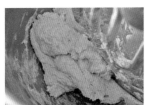

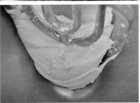

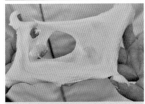

**延展面团确认状态**

将面粉、麦芽精、糖、水、酵母、盐慢速搅拌混合，加入法国老面，继续搅拌至拾起阶段，转中速搅拌至光滑、面筋形成。

4

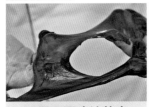

**延展面团确认状态**

加入黄油、墨鱼粉中速搅拌至完全扩展阶段（搅拌终温 24℃）。

5

收合面团，整理至表面光滑的圆球状。

### 基本发酵，翻面排气

6

面团进行基本发酵约 60 分钟，倒扣出面团，由左、右侧朝中间折叠，再由内侧朝中间、朝外侧折叠。平整面团排气，继续发酵约 30 分钟。

**TIPS**

使面团厚度均匀，发酵的效果就容易一致。

## 分割，中间发酵

**7**

面团分割成 260g/ 颗。将面团对折，往底部收合成椭圆状。中间发酵约 30 分钟。

## 整形，最后发酵

**8**

将面团均匀轻拍，排出空气，翻面，延展成方片状。

**9**

在前后两处各挤上法式芥末籽酱（8g/ 处），再放上纵切对半的小鱿鱼。

**10**

分别由前后两侧往中间折叠、按压，再对折，收合于底，整形成圆柱状。

**11**

表面喷水雾，沾裹车打芝士丝（或帕玛森芝士丝）。

**12**

面团收口朝下，放置模型中，最后发酵约 90 分钟。在表面斜划 2 刀口。

## 烘烤

**13**

放入烤箱（炉内不放层架、贴炉烤），上火 180℃ / 下火 240℃，喷蒸汽少量 1 次，3 分钟后喷大量蒸汽 1 次，烤约 20 分钟。出炉，脱模。

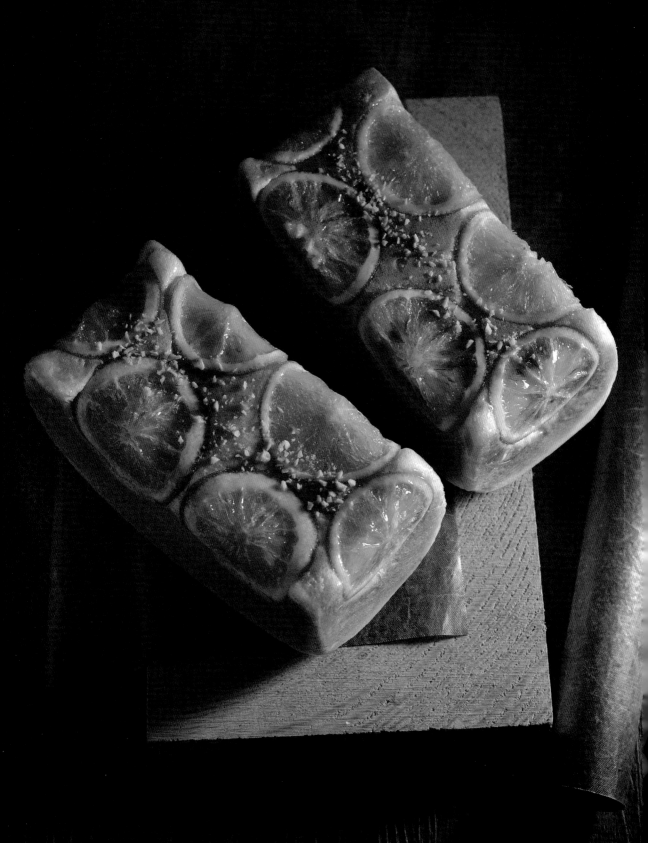

# 橙香布里欧

## ORANGE BRIOCHE

### 材料 （4条分量）

| 面团 | 重量 | 比例 |
|---|---|---|
| A 日清哥雷特高筋面粉 ※ | 380g | 100% |
| 法国老面→ P.162 | 57g | 15% |
| 盐 | 7g | 1.7% |
| 新鲜酵母 | 14g | 3.5% |
| 细砂糖 | 57g | 15% |
| B 蛋 | 114g | 30% |
| 蛋黄 | 38g | 10% |
| 鲜奶 | 133g | 35% |
| C 无盐黄油 | 133g | 35% |
| D 糖渍香橙→ P.194 | 46g | 12% |
| 合计 | 979g | 257.2% |

编者注：※ 本款面粉参数见 P.13，读者如购买不到可参考替代。

### 糖渍香橙（方便制作的用量）

| | |
|---|---|
| 水 | 1000g |
| 细砂糖 | 1000g |
| 柳橙片 | 1000g |

## 配方展现的概念

* 使用蛋白质 12.2%~13.2%、灰分 0.40%~0.46% 的面粉制作布里欧面团，风味更佳，组织柔软。
* 15% 的法国老面可帮助面团发酵稳定。
* 黄油加入的时机是决定面包柔软度的关键。

## 基本工序

▼ **糖渍香橙**
水、糖煮沸，加入柳橙片熬煮沸腾，冷藏隔日使用。

▼ **冷藏材料**
材料B先拌匀，覆盖保鲜膜，冷冻约 2 小时至锅缘处有小碎冰状态。

▼ **搅拌面团**
面粉、盐、材料B慢速搅拌，加入法国老面搅拌，加入酵母、糖搅拌，转中速至七分筋，分 3 次加入材料C中速搅拌，终温 24℃，加入糖渍香橙慢速拌匀，至完全扩展阶段。

▼ **基本发酵**
按压至两三厘米厚，冷藏（5℃）2~24 小时。

▼ **分割**
面团 230g/ 颗。

▼ **整形**
面团折卷成同模具大小，糖渍香橙片铺放入模型中，再放入面团。

▼ **最后发酵**
120 分钟（温度 28℃ / 湿度 78%）。

▼ **烘烤**
覆盖烤焙布，压盖烤盘，入炉烤 17 分钟（160℃ / 250℃），转向，取下烤盘再烤 12 分钟，出炉，刷镜面果胶，撒上开心果碎。

## 做法

### 预备作业

1

准备模型，适用面团重量250g（作者用 SN2150）。

### 糖渍柳橙

2 水、糖煮沸，加入柳橙片熬煮，至沸腾，熄火，待冷却，冷藏隔日使用。

### 搅拌面团

3

**锅缘处有小碎冰状态**

将面团材料 Ⓑ 先拌匀，覆盖保鲜膜，冷冻约 2 小时，至图中状态。

4

即可用于与其他材料搅拌。

5

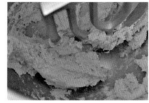

将材料 Ⓐ 中的面粉、盐与冷藏过的材料 Ⓑ 慢速搅拌混合，再加入法国老面，继续搅拌至拾起阶段。

6

**延展面团确认状态**

加入新鲜酵母、细砂糖搅拌混合均匀，转中速搅拌至光滑、面筋形成（七分筋）。

7

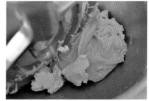

**缸内壁无沾黏状态就行**

加入 1/3 黄油中速搅拌融合，直至缸内壁无沾黏状态。

8

**尚未拌匀，内壁有沾黏**

即可再加入 1/3 黄油，继续搅拌融合。

9

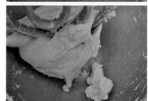

继续加入剩余黄油，搅拌融合。

10

**延展面团确认状态**

搅拌至面团出九分筋（搅拌终温24℃）。

11

**延展面团确认状态**

加入糖渍香橙丁，慢速拌匀，至面团完全扩展阶段。

## 基本发酵

12

面团整理至表面光滑并按压至厚度均匀、2~3cm，用塑料袋包覆好，冷藏（5℃）发酵2~24小时。

## 分割

13　面团分割成230g/颗，往底部确实收合，整成长条状。

## 整形，最后发酵

14

将面团轻拍，延展整成方形，翻面，稍按压开后侧边端。

15

由前侧朝后卷起至底，捏紧接合处。

16

将糖渍橙片吸除多余水分。将2小片摆放在模具两短侧，4大片摆放在两长侧。

17

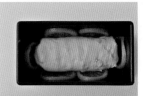

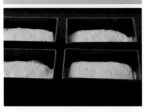

将面团收口朝下放入模型中，最后发酵约120分钟（温度28℃／湿度75%）至约1/2模高。

## 烘烤，组合

18

模具表面覆盖烤焙布，再压盖上烤盘，放入烤箱，以上火160℃／下火250℃烤约17分钟，转向，取下烤盘，续烤约12分钟。出炉，脱模。

19

表面涂刷镜面果胶，撒上开心果碎点缀即可。

# 宝岛曼果

## DRY FRUITS BREAD

**材料** （2条分量）

| 面团 | 重量 | 比例 |
| --- | --- | --- |
| A 高筋面粉[1] | 534g | 97% |
| 红藜粉[2] | 17g | 3% |
| 细砂糖 | 11g | 2% |
| 盐 | 11g | 2% |
| 奶粉 | 11g | 2% |
| 麦芽精 | 3g | 0.5% |
| 低糖干酵母 | 4g | 0.7% |
| 水 | 385g | 70% |
| 法国老面→ P.162 | 55g | 10% |
| B 无盐奶油 | 17g | 3% |
| 合计 | 1048g | 190.2% |

| 酒渍果干 | 重量 | 比例 |
| --- | --- | --- |
| 凤梨干 | 78g | 39.06% |
| 芒果干 | 78g | 39.06% |
| 凤梨酒[3] | 39g | 19.54% |
| 蜂蜜 | 5g | 2.34% |
| 合计 | 200g | 100% |

| 内馅用（每条） | |
| --- | --- |
| 酒渍草莓干→ P.120 | 40g |

编者注：
[1]作者使用的是台湾小麦风味粉，其特性见 P.13。
[2]读者若购买不到，可以不用。
[3]作者使用的凤梨酒产自台湾彰化县二林镇。

## 配方展现的概念

* 作者选用台湾当地果干，与水果酒、蜂蜜浸泡，增强风味的展现。
* 酒渍果干以被包裹的方式夹入面团中，避免果干中的酵素影响面粉蛋白质的结合性。

**基本工序**

▼ **搅拌面团**
将法国老面与其他材料Ⓐ慢速搅拌，中速搅拌至七分筋，加入黄油中速搅拌，终温 24℃。

▼ **基本发酵**
60 分钟，压平排气、翻面，30 分钟。

▼ **分割**
面团 500g/ 颗。

▼ **中间发酵**
30 分钟。

▼ **整形**
果干面团拉长拍平，铺上酒渍果干、草莓干，对折包覆，在第二层铺放上果干包覆，放入模型中。

▼ **最后发酵**
50 分钟（温度 32℃ / 湿度 80%），筛粉、侧边切划刀口。

▼ **烘烤**
入炉（180℃ / 260℃），喷蒸汽少量 1 次，3 分钟后喷大量蒸汽 1 次，烤约 22 分钟。

**做法**

## 预备作业

1

准备吐司模型 SN2052。

## 酒渍果干

2

将果干与酒、蜂蜜浸泡，每天在固定时间翻动，连续约3天后再使用。

## 搅拌面团

3

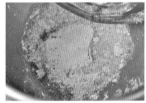

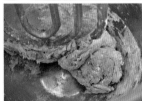

将材料Ⓐ（老面外）慢速搅拌混合，加入法国老面，继续搅拌至拾起阶段。

4

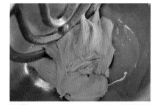

**延展面团确认状态**

转中速搅拌至光滑、面筋形成（七分筋）。

5

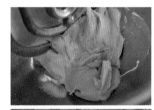

**延展面团确认状态**

加入黄油，中速搅拌至完全扩展阶段（终温 24℃）。

6

**延展拉开，具弹力**

将面团成条拉长，不会垂下或有断裂的情况。

## 基本发酵，翻面排气

7 面团整理至表面光滑圆球状，基本发酵约60分钟，轻拍压排出气体，做3折2次翻面，继续发酵约30分钟。

## 分割，中间发酵

8

面团分割成500g/颗，轻拍排出空气，对折收合，转向再对折。

9

往底部确实收合，滚圆，进行中间发酵约30分钟。

## 整形，最后发酵

### 10

将面团对折收合，轻拍压排出空气，翻面，转向纵放，按压开四角边端。

### 11

在面团中段铺放上酒渍草莓干 30g、酒渍果干 70g，将前后两侧面团各往中间折叠1/2。

### 12

在第二层中段再铺放酒渍草莓干、酒渍果干各约 10g，将面团由己侧往前侧翻折，按压收合于底。

### 13

搓揉面团两侧，让收口确实黏合。将面团收口朝下放置模型中，最后发酵约 50 分钟。

### 14

放上麦穗图纹，筛上高筋面粉，并在侧边处切划刀口。

## 烘烤，组合

### 15

放入烤箱（炉内不放层架、贴炉烤），上火 180℃／下火 260℃，入炉后喷蒸汽少量 1 次，3 分钟后喷大量蒸汽 1 次，烤约 22 分钟。出炉，脱模。

**TIPS**

烘烤中途、表面开始上色后，将模型调整位置再烘烤，避免烤不均匀。

# TOAST 6

层叠交融的温润质地

# 裹油折叠

面团包覆黄油层层交错，通过擀压折叠形成多层次的独特制法。
面包特征为带有派点般的香脆口感。
折叠式面团和富油脂面团的制作，多半以隔夜发酵工法为多；
此类面包的制作重点在于擀折进程的速度，要能保持面团的冰凉。

# H

**抹茶大理石片** 基础

| 材料（2片） | 重量 | 比例 |
|---|---|---|
| 吉利丁片 | 6g | 1.67% |
| 鲜奶 | 187g | 52.1% |
| 蛋 | 78g | 21.7% |
| 细砂糖 | 40g | 11.1% |
| 低筋面粉 | 16g | 4.46% |
| 抹茶粉 | 7g | 1.95% |
| 无盐黄油 | 25g | 6.96% |
| 合计 | 359g | 100% |

**做法**

1

吉利丁片放入冷水中浸泡软化。鲜奶以小火加热至沸腾（约75~80℃）。

2

全蛋、细砂糖、低筋面粉、抹茶粉混合拌匀。

3

将做法❷结果冲入煮沸的鲜奶中，边冲边拌至混匀。

4

再边拌边加热至浓稠状态。

5

待煮至比重为1.08，再加入黄油，搅拌混合至完全融合。

6
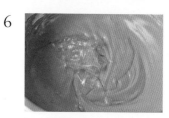
加入软化的吉利丁拌匀。

7

待降温至约50℃，搅拌至完全乳化（或均质至质地细致），装入塑料袋中，用刮板平整聚合，推挤出空气。

8

用擀面棍擀压平整成15cm×11cm片状（150g），冷藏12~24小时，即成（冷藏可保存约72小时）。

# 焦糖丹麦千层

## CARAMEL DANISH

### 材料 （12 个分量）

| 面团 | 重量 | 比例 |
|---|---|---|
| A 奥本惠法国粉 | 511g | 70% |
| 高筋面粉 | 219g | 30% |
| 细砂糖 | 73g | 10% |
| 盐 | 13g | 1.8% |
| 奶粉 | 22g | 3% |
| 蛋 | 110g | 15% |
| 动物性淡奶油 | 73g | 10% |
| 新鲜酵母 | 29g | 4% |
| 水 | 219g | 30% |
| B 无盐黄油 | 59g | 8% |
| 合计 | 1328g | 181.8% |
| 丹麦老面（商业生产可加） | | 18% |

### 折叠裹入（每条吐司）

片状黄油 160g
控温至 2~5℃，擀成 16cm × 13cm

### 表面

焦糖酱→ P.25
开心果碎、糖粉、糖片

## 配方展现的概念

* 奥本惠法国面包粉（参数见 P.13）的风味性佳，适合用于丹麦面团基底。也可使用其他法国面包专用粉来制作。
* 加入奶粉、淡奶油，为提引乳香风味并使风味更浓郁，同时也能让面团形成明显的烘烤色泽。
* 配方的设计适用于机器擀压或手擀制作；若用于商业大量生产，可将此配方增至 3 倍使用。
* 商业生产时配方可加入丹麦老面，烘焙比最高 18%；丹麦老面本身因长时间低温发酵，面团和裹入的油质会充分熟成，可增加面团风味。

### 基本工序

▼ **搅拌面团**
所有面团材料慢速搅拌（奶油须先软化）至拾起阶段，转中速搅拌至七分筋，终温 26℃。

▼ **基本发酵**
分割成 640g/ 颗，30 分钟。

▼ **冷藏松弛**
压平排气成 20cm × 16cm，冷藏松弛 16~24 小时。

▼ **折叠作业**
面团包油 160g。
作 4 折 2 次折叠，每次折叠后冷冻松弛 30 分钟。

▼ **分割、整形**
延压整形，切除四边毛料，分切成 6 个正方块（边长 7cm，重 115~120g），冷冻松弛 16~72 小时，放入模型。

▼ **最后发酵**
解冻回温 30 分钟，最后发酵 120 分钟（环境温度 28℃，湿度 75%），带盖。

▼ **烘烤**
烤 25~30 分钟（210℃ / 200℃），待冷却。顶面对角线一侧挤上焦糖酱，边缘沾裹开心果碎；另一侧撒上糖粉，用糖片装饰。

**做法**

## 预备作业

1

准备吐司模型 SN2180。

## 搅拌面团

2

将面粉以外的面团材料Ⓐ混合拌匀。黄油放室温下至软化。

3

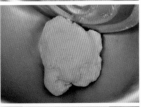

**延展面团确认状态**

将面粉和步骤 2 结果（其他拌匀材料、黄油）混合，慢速搅拌均匀，至拾起阶段。

4

转中速搅拌至光滑、面筋形成（七分筋），搅拌终温 26℃。

## 基本发酵

5

分割面团成 640g/ 份。整理至表面光滑并按压至厚度均匀，基本发酵约 30 分钟。

## 冷藏松弛

6

轻拍压排气，按压成 20cm×16cm，且平整，放置塑料袋中，排出袋中空气让塑料袋与面团紧密贴合。冷藏（5℃）松弛 16~24 小时。

## 折叠裹入／包裹入油

7

取片状黄油 160g，擀压、裁成 16cm×13cm，控温至 2~5℃，再擀压至软硬度与面团相同。

8

将冷藏松弛的面团 20cm×16cm 稍压平后，延压成 28cm×16cm 的长方片。

9

**黄油两侧面团切痕**

将片状黄油摆放在面团正中间（黄油 16cm 边与面团 16cm 边同向），用刀在靠近片状黄油两侧边的面团上稍切划出痕。

10

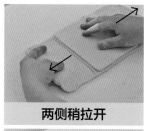

**两侧稍拉开**

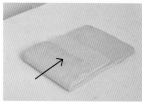

将左、右侧面团稍延展拉开，再朝中间折叠，覆盖住片状黄油。

11

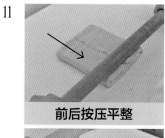

**前后按压平整**

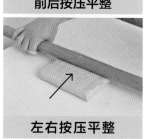

**左右按压平整**

用擀面棍在面团表面由前往后按压平整，再由左往右按压平整，让面团与片状黄油紧密贴合，油脂分布均匀。

12

将面团用压面机延压平整至宽约17cm，转向，延压至长约63cm。

## 折叠裹入／4折1次

13

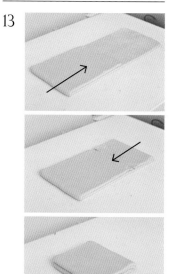

**4折1次**

将一侧1/3面团向内折叠，再将另一侧1/6面团向内折叠，再整体对折，成4层。

14

稍延压擀成17cm×18cm，使面团与片状黄油紧密贴合。包覆塑料袋，冷冻松弛约30分钟。

## 折叠裹入／4折2次

15

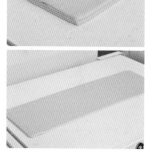

将冷冻松弛的面团在17cm长边方向稍延压至18cm长，转向，将面团在另一方向延压至57cm长。

16

**4折2次**

将长边一侧2/3向内折叠，再将另一侧1/3向内折叠，再整体对折，成4层。

17

在短边（14cm）方向稍延压，擀成15.5cm×18cm，使面团与片状黄油紧密贴合。包覆塑料袋，冷冻松弛约30分钟。

## 整形，最后发酵

18

将面团放在撒有高筋面粉的台面。

19

先将宽边延压至16cm，转向将长边延压至约23cm，整体应平整。包覆塑料袋，冷冻松弛约30分钟。

20

**切除毛边，宽1cm内**

将面团四边裁切平整，毛边约0.5~1cm宽。

21

以7cm为边长量测、标记，裁切成6个正方块（重约115~120g）。包覆塑料袋，冷冻16~72小时。

22

放入模型中，置室温下30分钟，待解冻回温，最后发酵约120分钟（温度28℃，湿度75%），盖上模盖。

## 烘烤，组合

23

放入烤箱，以上火210℃／下火200℃烤25~30分钟。出炉，脱模，待冷却。以交叉挤画的方式在顶面一侧角淋上焦糖酱，在两侧边沾上开心果碎。

24

在另一侧角筛洒上糖粉，用糖片装饰。

红藜水果丹麦

RED QUINOA DANISH

# 红藜水果丹麦

## RED QUINOA DANISH

### 配方展现的概念

* 丹麦老面适用于商业大量生产，若是手擀制作则不添加（整形裁切剩余的面团即为丹麦老面，在下次搅拌面团时可直接加入使用，重量依比率计算）。
* 方片面团斜置排列于底层面团上，烘烤后胀裂，从面包顶面、侧面展现美丽的层次纹理。底层面团采用法国老面，法国老面耐烤，且吸附油脂后口感香气更佳。
* 表面混合装饰酥粒、糖粉与开心果碎，增加口感与色彩的丰富性。

### 基本工序

▼ **搅拌面团**
所有面团材料慢速搅拌（黄油须先软化）至拾起阶段，转中速搅拌至七分筋，终温26℃。

▼ **基本发酵**
分割成500g/份，30分钟。

▼ **冷藏松弛**
压平排气成18cm×14cm，冷藏松弛16~24小时。

▼ **折叠作业**
面团包油125g。
折叠：3折2次，冷冻松弛30分钟，2折1次，冷冻松弛30分钟。延压对切成29cm×10cm，铺放酒渍水果干、熟红藜，叠层，延压成33cm×12cm，冷冻松弛30分钟。

▼ **分割、整形**
对切成33cm×6cm，叠成4层，分成5等份，冷冻松弛16~72小时。
法国老面擀平铺底，斜放入5片藜麦水果面团。

▼ **最后发酵**
解冻回温30分钟，120分钟（发酵箱温度28℃，湿度75%）。

▼ **烘烤**
烤25~27分钟（180℃ / 230℃）。
洒上装饰酥粒，糖粉，用开心果碎点缀。

### 材料（4条分量）

| 面团 | 重量 | 比例 |
| --- | --- | --- |
| A 奥本惠法国粉 | 399g | 70% |
| 高筋面粉 | 171g | 30% |
| 细砂糖 | 57g | 10% |
| 盐 | 10g | 1.8% |
| 奶粉 | 17g | 3% |
| 红藜粉 ※ | 17g | 3% |
| 蛋 | 86g | 15% |
| 动物性淡奶油 | 57g | 10% |
| 新鲜酵母 | 23g | 4% |
| 水 | 171g | 30% |
| B 无盐黄油 | 46g | 8% |
| 合计 | 1054g | 184.8% |
| 丹麦老面（可选项） | | 18% |

※：读者若购买不到，可以不用。

### 折叠裹入（每条吐司）

片状黄油 125g
　控温至2~5℃，擀成16cm×13cm

### 内馅以及底层面团（每条吐司）

| | |
| --- | --- |
| 酒渍水果干→ P.211 | 70g |
| 熟红藜→ P.112 | 30g |
| 法国老面→ P.162 | 50g |

**做法**

## 预备作业

1

准备模型，适用面团重量250g（作者用SN2151）。

## 搅拌面团

2

将面粉以外的面团材料Ⓐ混匀，黄油放室内软化，再将面粉和以上材料投入缸中，慢速搅拌至拾起阶段。

3

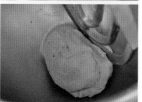

**延展面团确认状态**

转中速搅拌至光滑、面筋形成七分（终温26℃）。

## 基本发酵

4　分割面团至500g/份，整理至表面光滑并按压至厚度平均，基本发酵约30分钟。

## 冷藏松弛

5　轻拍压排气，按压成18cm×14cm且平整，放置塑料袋中，排出袋中空气，让塑料袋与面团紧密贴合。冷藏（5℃）松弛约16~24小时。

## 折叠裹入／包裹入油

6

取片状黄油125g，擀压、裁成16cm×13cm，控温至2~5℃，再擀压至软硬度与面团相同。

7

将冷藏松弛的面团18cm×14cm稍压平后，延压成28cm×16cm的长方片。

8

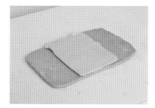

将片状黄油摆放在面团正中间（两者16cm边同向）。

9

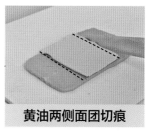

**黄油两侧面团切痕**

用刀在靠近片状黄油两侧边的面团上稍切划出痕。

10

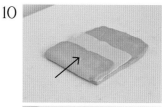

将左、右侧面团稍延展拉开，再朝中间折叠，覆盖住片状黄油。

11

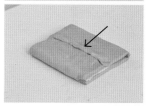

**前后按压平整**

用擀面棍在面团表面由前往后按压平实。

12

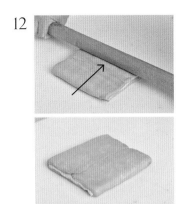

**左右按压平整**

再由左往右按压平整，让面团与片状黄油紧密贴合，油脂分布平均。

13

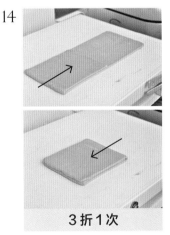

用压面机延压平整至宽约17cm，转向，延压至长约63cm。

## 折叠裹入／3折1次

14

**3折1次**

将一侧1/3面团向内折叠，再将另一侧1/3面团向内折叠，整体成3折。

15

稍擀压，使面团与片状黄油紧密贴合。包覆塑料袋，冷冻松弛约30分钟。

## 折叠裹入／3折2次

16

取出冷冻松弛好的面团（20cm×17cm），延压至50cm×18cm。

17

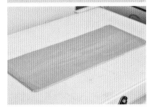

将一侧1/3面团向内折叠。

18

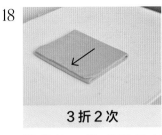

**3折2次**

再将另一侧1/3面团向内折叠，成3折，尺寸18cm×15cm。

19

稍延压擀成18cm×16cm，使面团与片状黄油紧密贴合。包覆塑料袋，冷冻松弛约30分钟。

## 折叠裹入／2折1次

20

将面团放置在撒有高筋面粉的台面，延压至29cm×20cm。包覆塑料袋，冷冻松弛约30分钟。

**21**

**2折1次**

将面团在短边上对切，成两片。在一片表面平均铺放酒渍水果干70g、熟红藜30g；将另一片覆盖其上。

**22**

将面团延压成33cm×12cm（除了延展的作用之外，也可将果干更紧密压入面团中），包覆塑料袋，冷冻松弛约30分钟。

## 分割，整形，最后发酵

**23**

将面团在短边上对半分切。

**24**

**叠成4层**

将两片面团叠起，在长边上5等分（每份6.4cm）。包覆塑料袋，冷冻16~72小时。

**25**

**底层面皮**。取法国老面50g擀成长片状，翻面，铺放入模型中。在上方整齐斜放入5等分方片。放置室内30分钟，待解冻回温。最后发酵约120分钟（温度28℃，湿度75%），表面刷上蛋液。

## 烘烤，组合

**26**

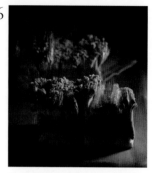

放入烤箱，以上火180℃/下火230℃烤约25~27分钟。出炉，脱模，待冷却，表面撒上装饰酥粒（P.25），筛洒上糖粉，用开心果碎点缀即可。

─── 风味用料 ───

# 酒渍水果干

| 材料 | 重量 | 比例 |
| --- | --- | --- |
| 蔓越莓 | 60g | 20% |
| 葡萄干 | 96g | 32% |
| 杏桃干 | 96g | 32% |
| 兰姆酒 | 48g | 16% |
| 合计 | 300g | 100% |

**做法**

将所有材料混合搅拌，静置，每天翻拌，约3天后使用。

# 可可黑部立山

CHOCOLATE MARBLE BREAD

## **材料**（2 条分量）

| 面团 | 重量 | 比例 |
|---|---|---|
| **A** 奥本惠法国粉 | 392g | 70% |
| 高筋面粉 | 168g | 30% |
| 细砂糖 | 56g | 10% |
| 盐 | 10g | 1.8% |
| 奶粉 | 17g | 3% |
| 法芙娜可可粉 | 28g | 5% |
| 蛋 | 84g | 15% |
| 动物性淡奶油 | 56g | 10% |
| 新鲜酵母 | 22g | 4% |
| 水 | 168g | 30% |
| **B** 无盐黄油 | 45g | 8% |
| 合计 | 1046g | 186.8% |
| 丹麦老面（可选项） | | 18% |

### 折叠裹入（每条吐司）

片状黄油 125g
  控温至 2~5℃，擀成 16cm × 13cm

### 夹层内馅（每条吐司）

| 70% 调温巧克力 | 100g |
|---|---|
| 耐烤巧克力豆 | 15g |

## 配方展现的概念

\* 丹麦老面就是前次制作中裁切剩余的面团。商业
  生产时配方可加入丹麦老面，烘焙比最高 18%。
\* 丹麦老面经过长时间低温发酵，面团和裹入的油
  脂充分熟成，更加融合，可以提升面包风味。

## 基本工序

**▼ 搅拌面团**
  所有材料慢速搅拌（黄油须先软化）至拾起阶段，
  转中速搅拌至七分筋，终温 26℃。

**▼ 基本发酵**
  分割成 500g/ 颗，30 分钟。

**▼ 冷藏松弛**
  压平排气成 18cm × 14cm，松弛 16~24 小时（5℃）。

**▼ 折叠裹入**
  面团包油 125g。
  折叠：4 折 2 次，每次折叠后冷冻松弛 30 分钟。

**▼ 分割、整形**
  延压，对切成 32cm × 18cm，冷冻松弛 30 分钟，
  抹上调温巧克力、撒巧克力豆，卷起，绕成圈状，
  冷冻松弛 16~72 小时，放入模型。

**▼ 最后发酵**
  回温 30 分钟，发酵 2 小时（温度 28℃，湿度
  75%）。

**▼ 烘烤**
  烤 25~28 分钟（180℃ / 220℃），待冷却，
  挤上调温巧克力，筛洒上可可粉。

**做法**

## 预备作业

1

准备 6 英寸（15 厘米）圆形中空戚风蛋糕模型，内壁用毛刷薄刷上黄油。

## 搅拌面团

2

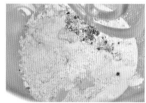

将面粉以外的面团材料Ⓐ混匀，黄油放室内软化，再将面粉和以上材料投入缸中，慢速搅拌至拾起阶段。

3

**延展面团确认状态**

转中速搅拌至光滑、面筋形成七分（终温 26℃）。

## 基本发酵

4

面团分割成 500g/ 份，整理至表面光滑，基本发酵约 30 分钟。

## 冷藏松弛

5

轻拍压排气，按压成 18cm × 14cm 且平整，放置塑料袋中，排出袋中空气，让塑料袋与面团紧密贴合，冷藏（5℃）松弛约 16~24 小时。

## 折叠裹入／包裹入油

6

取片状黄油 125g，擀压、裁成 16cm × 13cm，控温至 2~5℃，再擀压至软硬度与面团相同。

7

将冷藏松弛的面团 18cm × 14cm 稍压平后，延压成 28cm × 16cm 的长方片。

8

**黄油两侧面团切痕**

将片状黄油摆放在面团正中间（两者 16cm 边同向），用刀在靠近片状黄油两侧边的面团上稍切划出痕。

9

将左右侧面团稍延展拉开，再朝中间折叠，覆盖住片状黄油。

10

**前后按压平整**

用擀面棍在面团表面由前往后按压平整。

11

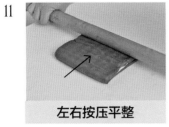

**左右按压平整**

再由左往右按压平整，让面团与片状黄油紧密贴合、油脂分布平均。

12

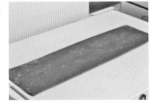

面团用压面机延压至宽约17cm，转向，延压至长约63cm。

## 折叠裹入／4折1次

13

**4折1次**

将一侧 1/3 面团向内折叠，再将另一侧 1/6 面团向内折叠，再整体对折，成4层，17cm×16cm。

14

稍延压擀成 17cm×17cm，使面团与片状黄油紧密贴合。面团包覆塑料袋，冷冻松弛约 30 分钟。

## 折叠裹入／4折2次

15

将冷冻松弛的面团17cm×17cm稍延压平整至18cm×17cm，再转向延压至 18cm×60cm。

16

将一侧 1/3 面团向内折叠。

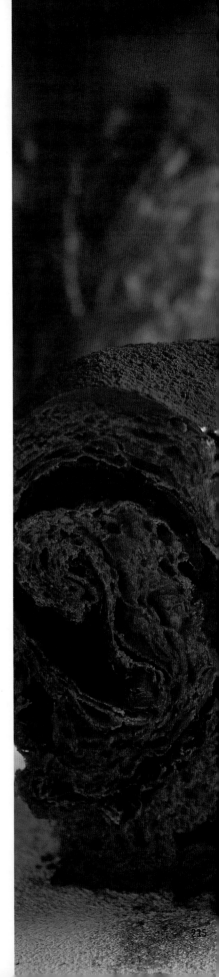

17

**4折2次**

再将另一侧 1/6 面团向内折叠，再整体对折，成 4 层，尺寸 18cm×14cm。

18

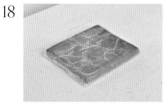

稍延压擀成 18cm×15cm，使面团与片状黄油紧密贴合。包覆塑料袋，冷冻松弛约 30 分钟。

## 分割，整形，最后发酵

19

将面团放置撒有高筋面粉的台面，延压平整，先将短边延压至 18cm。

20

转向，延压长边至 64cm。

21

在长边上对半裁切，成 32cm×18cm 的两片，包塑料袋，冷冻松弛约 30 分钟。

22

将每片的表面均匀抹上调温巧克力约 100g，撒上耐烤巧克力豆约 15g。

23

由长侧边卷起，收合于底，整成长圆柱状。

24

面团收口朝上，两端相接成环（重 415~420g），包覆塑料袋冷冻 16~72 小时。

25

铺放入模型中，放置室内 30 分钟待解冻回温，最后发酵约 120 分钟（温度 28℃，湿度 75%）。

## 烘烤，组合

26

放入烤箱，以上火 180℃／下火 220℃约 25~28 分钟。出炉，脱模，表面淋上调温巧克力，筛洒上可可粉。

黑爵竹炭酣吉烧
SWEET POTATO DANISH

# 黑爵竹炭酣吉烧

SWEET POTATO DANISH

## 配方展现的概念

* 商业生产时配方可加入丹麦老面，烘焙比最高
  18%。丹麦老面经过长时间低温发酵，面团和裹入
  油充分熟成，更加融合，可以提升面包风味。
* 用色彩对比强烈的蜜渍地瓜丁放在顶部，淋上与
  地瓜相当对味的焦糖酱，富有视觉效果。香甜不
  腻的地瓜丁，也非常适配下方浓郁的地瓜奶油馅。

## 基本工序

▼ **搅拌面团**
  所有面团材料慢速搅拌（黄油须先软化），中速
  搅拌至七分筋，终温 26℃。

▼ **基本发酵**
  分割成 500g/ 份，30 分钟。

▼ **冷藏松弛**
  压平排气成 18cm×14cm，松弛 16~24 小时（5℃）。

▼ **折叠裹入**
  面团包油 125g。
  折叠：4 折 2 次，每次折叠后冷冻松弛 30 分钟。

▼ **分割、整形**
  延压整形，去除四边沿，
  对切，成 14cm×11cm（290~295g），冷冻松弛
  16~72 小时，放入模型，用圆管在压住面团中间。

▼ **最后发酵**
  解冻 30 分钟，发酵 120 分钟（温度 28℃，湿度
  75%）。

▼ **烘烤**
  烤 23~25 分钟（180℃ / 220℃），出炉，脱模，
  挤入地瓜奶油馅，铺放蜜渍地瓜丁，刷果胶，挤
  上焦糖酱。

## 材料 （4 条分量）

| 面团 | | 重量 | 比例 |
|---|---|---|---|
| A | 奥本惠法国粉 | 399g | 70% |
| | 高筋面粉 | 171g | 30% |
| | 细砂糖 | 57g | 10% |
| | 盐 | 10g | 1.8% |
| | 奶粉 | 17g | 3% |
| | 竹炭粉 | 9g | 1.5% |
| | 蛋 | 86g | 15% |
| | 动物性淡奶油 | 57g | 10% |
| | 新鲜酵母 | 23g | 4% |
| | 水 | 171g | 30% |
| B | 无盐黄油 | 46g | 8% |
| 合计 | | 1046g | 183.3% |
| 丹麦老面（可选项） | | | 18% |

### 折叠裹入（每条吐司）

片状黄油 125g
  控温至 2~5℃，擀成 16cm×13cm

### 表面用（每条吐司）

| | |
|---|---|
| 地瓜奶油馅→ P.221 | 80g |
| 蜜渍地瓜丁 | |
| 焦糖酱→ P.25 | |

**做法**

## 预备作业

1

准备吐司模型，适用面团重量 250g（作者用 SN2151）；准备铝合金圆管（例如 SN42124）。

## 搅拌面团

2

将面粉以外的面团材料Ⓐ混匀，黄油放室内软化，再将面粉和以上材料投入缸中，慢速搅拌至拾起阶段。

3

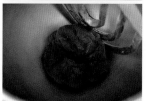

**延展面团确认状态**

转中速搅拌至光滑、面筋形成七分（终温 26℃）。

## 基本发酵

4 分割面团为 500g/ 份，整理至表面光滑并按压至厚度平均，基本发酵约 30 分钟。

## 冷藏松弛

5

轻拍压排气，按压成 18cm×14cm 且平整，放置塑料袋中，排出袋中空气让塑料袋与面团紧密贴合，冷藏(5℃)松弛约 16~24 小时。

## 折叠裹入／包裹入油

6

取片状黄油 125g，擀压、裁成 16cm×13cm，控温至 2~5℃，再擀压至软硬度与面团相同。

7

将冷藏松弛的面团 18cm×14cm 稍压平后，延压成 28cm×16cm 长方片状。

8

**黄油两侧面团切痕**

将片状黄油摆放在面团正中间（两者 16cm 边同向），用刀在靠近片状黄油两侧边的面团上稍切划出痕。

9

将左右侧面团稍延展拉开，再朝中间折叠，覆盖住片状黄油。

10

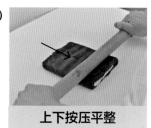

**上下按压平整**

用擀面棍在面团表面由上往下按压平整。

**11**

**左右按压平整**

再由左往右按压平整，让面团与片状黄油紧密贴合、油脂分布平均。

**12**

用压面机延压至宽 17cm，转向，延压至长 63cm。

## 折叠裹入／4 折 1 次

**13**

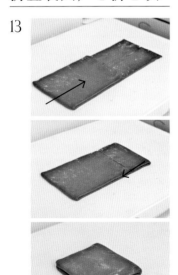

**4 折 1 次**

将一侧 1/3 面团向内折叠，再将另一侧 1/6 面团向内折叠，再整体对折，成 4 层，尺寸 17cm×16cm。

**14**

稍延压擀成 17cm×17cm，使面团与片状黄油紧密贴合，包覆塑料袋，排出袋中空气，冷冻松弛约 30 分钟。

## 折叠裹入／4 折 2 次

**15**

将松弛好的面团稍延压平整，成 18cm×17cm。

**16**

面团转向，再延压，成 18cm×60cm。

**17**

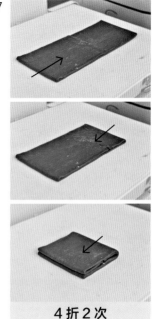

**4 折 2 次**

将一侧 1/3 面团向内折叠，再将另一侧 1/6 面团向内折叠，再整体对折，成 4 层，尺寸 18cm×14cm。

**18**

稍延压擀成 18cm×15cm，使面团与片状黄油紧密贴合。包覆塑料袋，冷冻松弛约 30 分钟。

## 分割，整形，最后发酵

**19**

将面团放在撒有高筋面粉的台面。

**20**

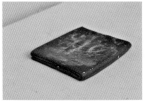

沿长边方向延压至23cm。包覆塑料袋，冷冻松弛约30分钟。

**21**

四边各裁切 0.5cm

将面团的四边各切除 0.5cm 宽（成 22cm×14cm），至可见层次面。再将面团对半切，成 11cm×14cm 片（约 290~295g）。包覆塑料袋，冷冻约 16~72 小时。

**22**

面团放入模型中，顶部中间压放铝合金圆管。

**23**

放置室内 30 分钟解冻，最后发酵约 120 分钟（温度 28℃，湿度 75%）。

## 烘烤，组合

**24**

面团放入烤箱，以上火 180℃／下火 220℃烤约 23~25 分钟。出炉，脱模。

**25**

在中间凹槽内挤入地瓜奶油馅（约 80g），放上蜜渍地瓜丁，薄刷镜面果胶，挤上焦糖酱即可。

— 风味内馅 —

### 地瓜馅

| 材料 | 重量 | 比例 |
| --- | --- | --- |
| 红地瓜 | 177g | 88.2% |
| 细砂糖 | 6g | 2.94% |
| 无盐黄油 | 18g | 8.82% |
| 合计 | 201g | 100% |

**做法**

将地瓜去皮蒸熟，趁热加入细砂糖、黄油搅拌均匀，至无颗粒即可。

### 地瓜奶油馅

| 材料 | 重量 | 比例 |
| --- | --- | --- |
| 地瓜馅 | 133g | 66.6% |
| 面包专用抹酱 | 67g | 33.4% |
| 合计 | 200g | 100% |

**做法**

将常温淡奶油打至湿性发泡，加入地瓜馅混合拌匀即成地瓜奶油馅。

# 红宝石小山丘

RED BEAN DANISH

## 材料 （4 条分量）

| 面团 | 重量 | 比例 |
|---|---|---|
| A 奥本惠法国粉 | 406g | 70% |
| 高筋面粉 | 174g | 30% |
| 细砂糖 | 58g | 10% |
| 盐 | 11g | 1.8% |
| 奶粉 | 18g | 3% |
| 蛋 | 87g | 15% |
| 动物性淡奶油 | 58g | 10% |
| 新鲜酵母 | 23g | 4% |
| 水 | 174g | 30% |
| B 无盐黄油 | 46g | 8% |
| 合计 | 1055g | 181.8% |
| 丹麦老面（可选项） | | 18% |

### 折叠裹入（每条吐司）

片状黄油 125g
　控温至 2~5℃，擀成 16cm × 13cm

### 表面淋酱（每条吐司）

红豆卡士达馅→ P.225　　120g

## 配方展现的概念

* 未添加丹麦老面的面团搅拌至七八分筋；若有添加丹麦老面（对面粉比 5% 以上），则面团搅拌至六七分筋即可，因为老面经过擀压和长时间静置而生成更多面筋，投入面团后若搅拌太多，则面团后续延展会较难进行。

## 基本工序

### ▼ 搅拌面团
所有材料慢速搅拌（黄油须先软化）至拾起阶段，转中速搅拌至七分筋，终温 26℃。

### ▼ 基本发酵
分割成 500g/ 份，30 分钟。

### ▼ 冷藏松弛
压平排气成 18cm × 14cm，松弛 16~24 小时（5℃）。

### ▼ 折叠裹入
面团包油 125g。
折叠：4 折 2 次，每次折叠后冷冻松弛 30 分钟。

### ▼ 分割、整形
延压成 18cm × 68cm，对折，切取 18cm × 7cm 片铺于模具底部，其余对切（成 18cm × 30cm），抹上红豆卡士达馅 120g，卷起，切成 6 块，冷冻 16~72 小时，交错放入模型。

### ▼ 最后发酵
解冻回温 30 分钟，发酵 120 分钟（温度 28℃，湿度 75%）。刷上蛋液。

### ▼ 烘烤
烤 20~23 分钟（180℃ / 240℃）。

**做法**

## 预备作业

1

准备模型，适用面团重量 250g（作者用 SN2151）。

## 制作面团

2

参考 P.204 做法 2~6：将材料混合搅拌，分成 500g/份，整理至表面光滑并按压至厚度平均，基本发酵 30 分钟，轻拍压排气，按压成 18cm×14cm 且平整，贴覆塑料袋冷藏松弛 16~24 小时。

## 折叠裹入／包裹入油

3

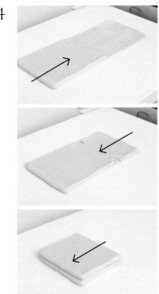

参考 P.204 起做法 7~12：取片状黄油125g，包入面团中。用压面机延压成宽 17cm，转向，延压成长 63cm。

## 折叠裹入／4 折 1 次

4

**4 折 1 次**

将一侧 1/3 面团向内折叠，再将另一侧 1/6 面团向内折叠，再整体对折，成 4 层，尺寸 17cm×16cm。

5

稍延压擀成 17cm×17cm，使面团与片状黄油紧密贴合。包覆塑料袋贴紧，冷冻松弛约 30 分钟。

## 折叠裹入－4 折 2 次

6

取出冷冻松的面团。

7

稍延压至 18cm×17cm，转向，延至 18cm×60cm。

8

**4 折 2 次**

将一侧 1/3 面团向内折叠，再将另一侧 1/6 面团向内折叠，再整体对折，成 4 层，尺寸 18cm×14cm。

9

稍延压擀成 18cm×15cm，使面团与黄油贴合。包塑料袋贴紧，冷冻松弛 30 分钟。

## 分割，整形，最后发酵

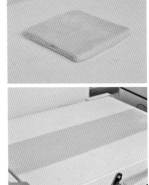

将面团放置撒有高筋面粉的台面，延压平整，先将短边延压至18cm，转向，延压另一边至68cm。

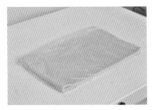

延压后对折，包覆塑料袋贴紧，冷冻松弛30分钟。

在对折面团的开口一端往内丈量7cm，裁切成长片（每片重60~65g），做为底部面团。

将两张长片铺放入模型中。

**14**

将裁切剩余的面团在长边上对切成半（成30cm长，每片约240g），再将18cm边延压至24cm。均匀抹上红豆卡士达馅（约120g）。

**15**

由长侧边前端卷起至底，成圆筒状，收口于底。

**16**

包覆塑料袋冷冻约30分钟，分切成6等份，再包覆塑料袋冷冻约16~72小时。

**17**

将各圆片以相互交错的方式排放入已铺好底部面片的模型中。

**18**

放置室内30分钟，待解冻回温，最后发酵约120分钟（温度28℃，湿度75%）。

## 烘烤

**19** 放入烤箱，以上火180℃／下火240℃烤20~23分钟。出炉，脱模。

─风味内馅─

### 红豆卡士达馅

| 材料 | 重量 | 比例 |
|------|------|------|
| 红豆馅 | 313g | 62.5% |
| 卡士达馅 | 187g | 37.5% |
| 合计 | 500g | 100% |

**做法**

将红豆馅与卡士达馅（P.24）混合拌匀即可。

# 抹茶赤豆云石

## MATCHA MARBLE BREAD

### 材料 （4条分量）

| 面团 | | 重量 | 比例 |
|---|---|---|---|
| A | 高筋面粉 | 486g | 90% |
| | 低筋面粉 | 54g | 10% |
| | 细砂糖 | 87g | 16% |
| | 盐 | 7g | 1.3% |
| | 奶粉 | 16g | 3% |
| | 蛋 | 81g | 15% |
| | 动物性淡奶油 | 27g | 5% |
| | 高糖干酵母 | 6g | 1.2% |
| | 水 | 205g | 38% |
| B | 无盐黄油 | 81g | 15% |
| 合计 | | 1050g | 194.5% |

### 折叠裹入（每条吐司）

| | |
|---|---|
| 抹茶大理石片→ P.201 | 150g |
| 蜜红豆粒 | 170g |

## 配方展现的概念

* 利用红豆粒与抹茶大理石形成美丽的纹理，方法就在折叠包入红豆粒与四瓣编结的工序中。
* 抹茶大理石与蜂蜜糖水的味道相衬。面包表面涂刷糖水除可提升风味外，同时也有保湿、提亮的效果；此外还可筛上抹茶糖粉来装点。

## 基本工序

▼ **搅拌面团**
材料A分批混合，慢速搅拌，中速搅拌至七分筋，加入黄油中速搅拌至完全扩展阶段，终温26℃。

▼ **基本发酵**
分割成 500g/ 份，30 分钟。

▼ **冷藏松弛**
压平排气成20cm×15cm，松弛16~24小时（5℃）。

▼ **折叠裹入**
面团包裹抹茶大理石片，折叠延压至 60cm×15cm，在中间区域铺放蜜红豆粒，两侧折起 1/4 包住，再铺放蜜红豆粒，对折。
延压成 16cm×18cm，冷冻松弛 30 分钟。

▼ **分割、整形**
延压成21cm×26cm，冷冻松弛30分钟。切3等份，每份（270g）纵切3刀，编4股辫，放入模型。

▼ **最后发酵**
90分钟。刷蛋液。

▼ **烘烤**
烤 25~27 分钟（180℃ / 220℃），薄刷蜂蜜糖水，待冷却。

**做法**

## 预备作业

### 1

准备模型，适用面团重量250g（作者用 SN2151，底长 17cm 宽 7.3cm，高 7.5cm。容积 /3.72=适用面团重量）。

## 搅拌面团

### 2

高糖干酵母与约 5 倍水先混合拌溶。此外，再除面粉外的面团材料Ⓐ混合拌匀。

### 3

将面粉、其他混好的材料Ⓐ入缸，慢速搅拌至拾起阶段。

### 4

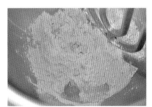

**延展面团确认状态**

转中速搅拌至光滑、面筋形成（七分筋）。

### 5

**延展面团确认状态**

加入黄油，中速搅拌至完全扩展阶段（终温 26℃）。

## 基本发酵，压平排气

### 6

分面团 500g/ 份，整成紧实圆滑，基本发酵约 30 分钟。

## 冷藏松弛

### 7

轻拍压排出气体，按压成 20cm×15cm 且平整，放置塑料袋中，排出袋中空气让袋与面团紧密贴合，冷藏（5℃）松弛约 16~24 小时。

## 折叠裹入／包裹大理石片

### 8

准备抹茶大理石片，150g，11cm×15cm。将冷藏松弛的面团稍压平后，延压成 22cm×15cm，其中 15cm 边与大理石片的 15cm 边等长，长的边约为大理石片短边的 2 倍长。

9

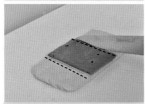

**大理石片两侧面团切痕**

将抹茶大理石片摆放面团中间（两者 15cm 边同向），用刀在靠近大理石片两侧边的面团上稍切划出痕。

10

**稍拉开**

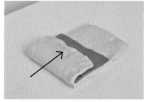

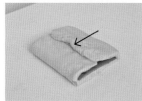

将左右侧面团稍延展拉开，再朝中间折叠，覆盖住大理石片（成 11cm×15cm）。

11

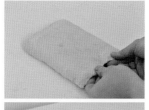

**捏紧密合、完全包覆**

将上下两侧的开口捏紧密合，完全包覆住大理石片，避免其外溢。

12

以压面机延压短边至约 15cm，转向，延压另一边至约 60cm。

## 折叠裹入／4 折 1 次

13

量取面团中间占面积 1/2 的长方形区域，均匀铺放上蜜红豆粒约 130g。

14

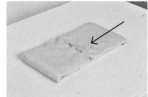

将一侧 1/4 面团向内折叠，再将另一侧 1/4 面团向内折。

15

**4 折 1 次**

在一侧 1/2 面积上铺放蜜红豆粒约 40g，再将面团对折，成 4 层，15cm×15cm。

16

稍延压擀成 16cm×18cm，使面团与大理石片紧密贴合，包覆塑料袋，冷冻松弛约 30 分钟。

## 分割，整形，最后发酵

17

再将面团延压展开：先将短边延压至 21cm，转向，延压另一边至 26cm。包覆塑料袋，冷冻松弛约 30 分钟。

18

在面团短边上 3 等分，裁成 3 份，每份 7cm×26cm，重约 270g。

19

将每份面团由前端往下纵切 3 刀至底，分成 4 条（前端不切断）。

**TIPS**

四股辫整形法的口诀：依位置编号并每次更新，2 跨 3、4 跨 2、1 跨 3，重复操作。

**20**

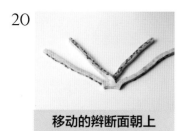

移动的辫断面朝上

将面团平放，将2跨3编结。

**21**

移动的辫平放

将4跨本次的2编结。

**22**

移动的辫平放

将1跨3编结。

**23**

移动的辫断面朝上

将2跨3编结。

**24**

移动的辫平放

将4跨2编结。

**25**

移动的辫平放

将1跨3编结。

**26**

移动的辫断面朝上

将2跨3编结。

**27**

移动的辫平放

将4跨2编结。

**28**

移动的辫平放

将1跨3编结。

**29**

依序交错编结至底，收口按压密合。

**30**

头尾按压密实，翻面，使断面纹路朝上。

**31**

面团以断面朝上放入模型中，送入发酵箱，最后发酵约90分钟。

**32**

表面薄刷蛋液。

## 烘烤，组合

**33** 放入烤箱，以上火180℃ / 下火220℃烤约25~27分钟。出炉，脱模，薄刷蜂蜜糖水，待冷却。

**TIPS**

**蜂蜜糖水**

配方：水77g（38.46%）、细砂糖100g（50%）、蜂蜜23g（11.54%）。将水、细砂糖加热煮至熔化，待冷却加入蜂蜜混合拌匀即可。

著作权合同登记号：图字 132020077 号

本著作（原书名《李宜融 頂尖風味吐司面包全書》）之简体中文版通过成都天鸢文化传播有限公司代理，经城邦文化事业股份有限公司原水出版事业部授权福建科学技术出版社有限责任公司于中国大陆独家出版发行。他人非经书面同意，不得以任何形式，任意重制转载。本著作限于中国大陆地区发行。


**图书在版编目（CIP）数据**

顶尖风味吐司面包全书 / 李宜融著. —福州：福建科学技术出版社，2023.3
ISBN 978-7-5335-6854-2

Ⅰ.①顶… Ⅱ.①李… Ⅲ.①面包－制作 Ⅳ.①TS213.2

中国版本图书馆CIP数据核字（2022）第222111号


| | | |
|---|---|---|
| 书　　名 | 顶尖风味吐司面包全书 | |
| 著　　者 | 李宜融 | |
| 出版发行 | 福建科学技术出版社 | |
| 社　　址 | 福州市东水路76号（邮编350001） | |
| 网　　址 | www.fjstp.com | |
| 经　　销 | 福建新华发行（集团）有限责任公司 | |
| 印　　刷 | 福州德安彩色印刷有限公司 | |
| 开　　本 | 787毫米×1092毫米　1/16 | |
| 印　　张 | 14.5 | |
| 字　　数 | 371千字 | |
| 版　　次 | 2023年3月第1版 | |
| 印　　次 | 2023年3月第1次印刷 | |
| 书　　号 | ISBN 978-7-5335-6854-2 | |
| 定　　价 | 78.00元 | |

书中如有印装质量问题，可直接向本社调换